Татьяна Данина

ПЕРЕСМОТР НАУКИ

Книга 10

УЧЕНИЕ ДЖУАЛ КХУЛА

ЭЗОТЕРИЧЕСКОЕ ЕСТЕСТВОЗНАНИЕ

Книга 10

ПЕРЕСМОТР НАУКИ - УЧЕНИЕ ДЖУАЛ КХУЛА

* * * * *

Серия

ЭЗОТЕРИЧЕСКОЕ ЕСТЕСТВОЗНАНИЕ

* * * * *

Третья часть Учения гималайского адепта, Джуал Кхула,

синтез науки и эзотерики

* * * * *

ДАНИНА ТАТЬЯНА

* * * * *

CREATE SPACE EDITION

2014

e-mail: danina.t@yandex.ru

Все электронные книги из серии «Эзотерическое Естествознание» представлены на вебсайте Amazon:

https://authorcentral.amazon.com/gp/books?ie=UTF8&pn=irid58388648

Книга 1 – **«Основные оккультные законы и понятия»** - http://www.amazon.com/dp/B00I1MFZV8 (бумажная - https://www.createspace.com/4870481);

Книга 2 – **«Эфирная механика»** - http://www.amazon.com/dp/B00I214ATQ (бумажная - https://www.createspace.com/4862477);

Книга 3 – **«Астрономия и космология»** - http://www.amazon.com/dp/B00I21HFU2 (бумажная - https://www.createspace.com/4842056);

Книга 4 – **«Механика тел»** - http://www.amazon.com/dp/B00I21HEO4

(бумажная - https://www.createspace.com/4852989);

Книга 5 – **«Биология»** - http://www.amazon.com/dp/B00I21NBGY (бумажная - https://www.createspace.com/4842113);

Книга 6 – **«Новая Эзотерическая Астрология, 1»** - http://www.amazon.com/dp/B00I21NDV (бумажная - https://www.createspace.com/4847635);

Книга 7 – **«Оптика и теория цвета»** - http://www.amazon.com/dp/B00I21NDV2 (бумажная - https://www.createspace.com/4842120);

Книга 8 – **«Химия»** - http://www.amazon.com/dp/B00I21NCW2 (бумажная - https://www.createspace.com/4842124);

Книга 9 – **«Термодинамика»** - http://www.amazon.com/dp/B00J13QH9K (бумажная - https://www.createspace.com/4860779).

Еще книга моего дедушки – **«Воспоминания русского фельдшера о финской войне»** - http://www.amazon.com/dp/B00I21QZ3K (бумажная - https://www.createspace.com/4864394).

Книга **«Домой, на Небо!»** (фантастика, мистика) - http://www.litres.ru/tatyana-danina/domoy-na-nebo/ (бумажная - https://www.createspace.com/4880191).

Те же книги на английском:

The books of the series "The Teaching of Djwhal Khul – Esoteric Natural Science" - **"The main occult laws and concepts"** - http://www.amazon.com/Main-Occult-Laws-Concepts -ebook/dp/B00GUJJR72 (paperback - http://www.amazon.com/dp/B00IZGDHHY)

"Ethereal mechanics" - http://www.amazon.com/The-Doctrine-Djwhal-Khul-mechanics-ebook/dp/B00I8KSY8Y (paperback - https://www.createspace.com/4836813)

"New Esoteric Astrology, 1" -
http://www.amazon.com/dp/B00JF6RMCY
(paperback - https://www.createspace.com/4827294)

"Thermodynamics" -
http://www.amazon.com/dp/B00KGHK8EU
(paperback - https://www.createspace.com/4838412)

"Astronomy and cosmology" –
http://www.amazon.com/dp/B00MJ5YKBE
(paperback - https://www.createspace.com/4943679).

The book of my grandpa – **"The memories of the russian military paramedic Michael Novikov of the Finnish war"**
http://www.amazon.com/dp/B00JYDITQ6

Желаем вам увлекательного прочтения!

АНАЛИЗ ОПЫТОВ ПО ОТКЛОНЕНИЮ ЧАСТИЦ. ВОДОРОД – ЭТО НЕ ПРОТОН

Ядерная физика – весьма непростой предмет, и в первую очередь потому, что ученые мастерски совмещают в нем, сами того не ведая, ложь и истину. Истина – это все наблюдаемые явления, плюс частично их интерпретация. Ложь – это большая часть объяснений и толкований этих явлений. Ядерная физика, как и вся физика в целом настолько погрязла в мудреных, запутанных толкованиях, далеких от правды, что разбираться во всем этом скоплении невежественных хитросплетений, представляется делом весьма сложным. Но необходимым.

Прежде всего, чтобы верно распутать клубок правды и неправды, именуемый «ядерная физика», следует разобраться в том, как ученые исследуют массы элементарных частиц и химических элементов. Полагаем, именно здесь кроется один из корней многих неверных суждений, касающихся строения химического элемента.

Вначале следует напомнить о том, что научные термины *«масса» и «энергия»* соответствуют оккультным понятиям *«Инь» и «Ян», «Материя» и «Дух». Масса – это Инь, Материя, Поле Притяжения. А энергия – это Ян, Дух, Поле Отталкивания.* Обычно ученые соотносят понятие «энергия» со всевозможными типами электромагнитного излучения. Так оно и есть. Электромагнитные волны - это свободные частицы, насыщающие и покрывающие химические элементы. Химические элементы постоянно обмениваются этими свободными фотонами, поглощают и испускают их. И среди свободных фотонов преобладают частицы Ян. Так что неудивительно, что ученые называют испускаемые и поглощаемые фотоны одним словом – «энергия». Вот оно – опять вечное противостояние Света и Тьмы. Даже ученые ощутили это, а ведь они так скептически настроены в отношении религиозных концепций.

Ученые говорят и пишут, что в ходе ядерных, химических, молекулярных превращений химические элементы испускают и поглощают энергию. Ну что же, они совершенно правы. Действительно, все перестройки и пертурбации элементов сопровождаются изменением содержания в них свободных фотонов – энергии. Энергия – причина распада любых конгломератов элементарных частиц, будь то тело, молекула, химический элемент или комплексная частица (такая как протон или нейтрон, например). Фотоны вклиниваются в щели между нуклонами, и испускаемой ими энергией (эфиром) раздвигают, разрушают, расщепляют. Любая связь – ядерная, химическая, межмолекулярная – имеет гравитационную основу. Причина любой связи – Сила Притяжения. Для того, чтобы разрушить любую связь, нужно применить ее антипод – Силу Отталкивания – эфир, энергию. Между частицами существует связь, потому что есть недостаток энергии. А если у частиц появится источник энергии, который восполнит этот недостаток, связь разрушится естественным путем.

Как вы понимаете, невозможно просто взять и положить элементарные частицы, химические элементы или молекулы на весы, как мы это проделываем с телами. Но с тех пор, как открыли микромир, ученым очень хотелось измерить массу его объектов. О, изобретательный человеческий разум! И что же – выход был найден. В 1897 году сэр Дж. Дж. Томсон в Кэвендишевской лаборатории Кэмбриджского университета открыл электрон. И одновременно построил первый масс-спектрометр, созданный им для изучения влияния электрического и магнитного полей на ионы, генерируемые в остаточном газе на катоде рентгеновской трубки. Томсон обратил внимание, что ионы движутся по параболическим траекториям. Т.е. имело место отклонение Силами магнитного и электрического полей. Ну, конечно, в те времена ученые не говорили о том, что магнитное поле – это гравитационное, а электрическое – антигравитационное. Они и сейчас об этом не говорят, это мы так утверждаем. Гравитационное поле существовало отдельно, само по себе, а электромагнитное - само по себе. Поэтому сэр Томсон уважил оба взаимодействия, и представил зависимость траекторий движения ионов в качестве зависимости между массой и зарядом. О, отлично, решили ученые тех времен. Теперь можно вычислить массу, зная заряд и степень отклонения движущихся объектов микромира. И никто даже не догадывался тогда, что масса и заряд – это одно и то же. Это мало кто понимает и в наши дни. Это мы провозглашаем данную концепцию.

Но как же так – воскликнете вы, если масса и заряд – это одно и то же, тогда как можно с помощью одного вычислить другое. А никак, ответим мы. Ибо это полнейшая ерунда. И ученые будущего это признают. Однако поставив массу в числитель, а не в знаменатель, сэр Томас, в целом, выявил верную закономерность. Чем больше масса движущегося объекта, тем в большей мере он притягивается в магнитном поле (которое есть поле притяжения). Я вот только не знаю, какое значение имеет масса в случае отталкивания ионов и частиц в электрическом поле. Электрическое поле - это Поле Отталкивания. Больше всего отталкиваться будут отрицательно заряженные ионы. Под отрицательным зарядом следует понимать Поле Отталкивания – антимассу. У конгломератов частиц различного качества могут проявляться вовне, как Поля Притяжения, так и Поля Отталкивания. Поэтому чаще всего имеет место как отталкивание электрическим полем, так и притяжение магнитным. По степени отталкивания в электрическом поле мы можем узнать величину Поля Отталкивания (антимассу) движущегося объекта, а по степени притяжения в магнитном поле - величину Поля Притяжения (массу).

Для чего мы все это говорим? А для того, чтобы сделать явным один очень примечательный факт, который поможет понять нам – как случилось, что была принята теория, согласно которой в химических элементах может содержаться столь малое число нуклонов, например, в водороде – всего один протон.

Давайте проанализируем опыты по отклонению движущихся частиц и ионов в камере Вильсона, помещенной в магнитное поле. Эти опыты первым проводил и анализировал Резерфорд, в конце 19 века.

Приведем цитату из книги *«Путеводитель по науке»* великого знатока материального наследия человечества **Айзека Азимова**.

«Опытным путем Резерфорд установил, что в магнитном поле альфа-частицы отклоняются значительно меньше, чем бета-частицы. Более того, они отклонялись в противоположных направлениях, а это означало, что альфа-частицы, в отличие от отрицательно заряженных электронов, несут положительный заряд. По величине отклонения было вычислено, что масса альфа-частицы, по меньшей мере, в 2 раза превышает массу иона водорода, имеющего минимальный положительный заряд. Величина отклонения заряженной частицы в магнитном поле зависит как от ее массы, так и от заряда. И если принять, что положительный заряд альфа-частицы такой же, как у иона водорода, это значит, что ее масса вдвое превышает массу того же иона; если же предположить, что заряд альфа-частицы вдвое выше, то ее масса должна в 4 раза превышать массу иона водорода, и т.д.».

Вот так, путем сравнения и сопоставления и была открыта (выявлена) масса электронов, альфа-частиц (которые есть элементы гелия) и ионов водорода.

Вообще, господа, будьте внимательны, здесь очень легко запутаться.

Сила Инерции, движущая частицы, ионы, элементы, может меняться в случае одного и того же объекта. Но если мы исследуем этот объект по его отклонению в электромагнитном поле, мы легко можем его принять за совершенно иной, и наречь иным именем. Однако он при этом будет все тем же самым, просто движущимся с иной скоростью. Так произошло, к примеру, в случае переоткрытия фотона в качестве электрона.

И еще одну цитату, из книги - Ландсберг Г.С. Элементарный учебник физики. Т.3. Колебания и волны. Оптика. Атомная и ядерная физика, 1985:

«Рассмотрим следующий опыт. В откачанную коробку перед узкой щелью в свинцовой перегородке 2 помещен радиоактивный препарат 1 (например, крупинка радия). Установим по другую сторону щели фотографическую пластинку 3. После проявления мы увидим на ней черную полоску – теневое изображение щели. Свинцовая перегородка, следовательно, задерживает радиоактивные лучи; и они проходят в виде узкого пучка через щель. Поместим теперь коробку между полюсами сильного магнита и снова установим в положение 3 фотопластинку.

Проявив пластинку, обнаружим на ней уже не одну, а три полоски, из которых средняя соответствует прямолинейному распространению пучка из препарата через щель.

Таким образом, в магнитном поле пучок радиоактивного излучения разделился на три составляющие, из которых две отклоняются полем в противоположные стороны, а третья не испытывает отклонения. Первые две составляющие представляют собой потоки противоположно заряженных частиц. Положительно заряженные частицы получили название *α-частиц* или α-излучения. Отрицательно заряженные частицы называют *β-частицами* или β-излучением. Магнитное поле отклоняет α-частицы несравненно слабее, чем β-частицы. Нейтральная компонента, не испытывающая отклонения в магнитном поле, получила название *γ-излучения*».

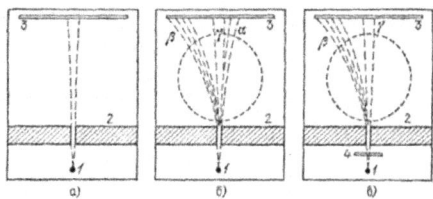

Отклонение радиоактивного излучения магнитным полем: а) траектории лучей в магнитном поле (штриховой круг – проекция полюсов магнита; линии поля направлены из-за плоскости чертежа на нас); в) лист бумаги толщиной 0,1 мм полностью поглощает α-излучение, 1 — радиоактивный препарат, 2 — свинцовый экран, 3 — фотопластинка, 4 — лист бумаги толщины 0,1 мм

Давайте разберем самую интересную часть опыта по отклонению лучей. В какую сторону и почему отклоняются те или иные лучи.

Откачанная коробка – это коробка с откачанным воздухом. Там искусственно создан вакуум. Отсутствуют химические элементы.

«Камера Вильсона – это емкость со стеклянной крышкой и поршнем в нижней части, заполненная насыщенными парами воды, спирта или эфира. Пары тщательно очищены от пыли, чтобы до пролета частиц у молекул воды не было центров конденсации. Когда поршень опускается, то за счет адиабатического расширения пары охлаждаются и становятся перенасыщенными. Заряженная частица, проходя сквозь камеру, оставляет на своем пути цепочку ионов. Пар конденсируется на ионах, делая видимым след частицы» (Википедия, «Камера Вильсона»).

Как видите, в обоих случаях имеет место разреженная атмосфера в полости коробки или камеры. В случае коробки – это полный вакуум. А в случае камеры – просто газ, а он тоже разрежен. Это очень важно.

В обоих случаях мы имеем электромагнитное поле, окружающее и пронизывающее полость, в которой мы исследуем отклонение лучей.

Электромагнитное поле – это область пространства между двумя полюсами.

Положительным (анодом) и отрицательным (катодом). ***Катод – отрицательный полюс*** - это область проводника (металла), в которой существует избыток электронов (фотонов). Либо к этой области подведен внешний источник электрического тока. Либо просто эта часть проводника состоит из металла, который по своим металлическим свойствам уступает металлу анода (положительного полюса).

Анод – положительный полюс – это часть проводника, в которой есть недостаток электронов. Либо с этой области искусственно снимают электроны. Либо металл, из которого изготовлен анод, имеет большее Поле Притяжения, нежели катод.

А в результате, между катодом и анодом возникает электрический ток. Электроны движутся от избытка к недостатку, или от меньшего Поля Притяжения к большему.

И в обоих случаях – и в откачанной коробке, и в камере Вильсона, электроны движутся сквозь разреженное пространство от катода к аноду. Это и есть электромагнитное поле. Т.е. лучи, распространяющиеся от радиоактивного источника, на своем пути пересекают поток движущихся электронов. Испытывают давление с их стороны – отталкивание ими. Это влияние отрицательного полюса – отталкивание. А также испытывают притяжение со стороны положительного полюса, где более сильное Поле Притяжения, чем у катода. И именно благодаря разреженности пространства это Поле Притяжения может ощущаться движущимися объектами. Разреженность в камере Вильсона возникает, когда поршень движется вниз (хотя и не полная разреженность). Если бы в камере был обычный воздух, то его элементы своими

Полями Отталкивания экранировали бы Поля Притяжения элементов анода. И притяжение анода не ощущалось бы.

Электроны – β-лучи – отклоняются к аноду, т.е. к положительному полюсу.

Элементы гелия – α-лучи – чуть отклоняются к катоду.

А γ-фотоны ведут себя нейтрально.

Внимание, мы сейчас будем разоблачать один из главнейших мифов современной науки – утверждение, согласно которому, положительные заряды притягиваются к отрицательным, а отрицательные к положительным.

Ничего подобного не происходит. Как мы уже говорили, заряд – это то же самое, что и масса. Т.е. качество. Либо Поле Притяжения, либо Поле Отталкивания, причем определенной величины.

Притяжение есть притяжение. Оно во Вселенной одно. Поле Притяжения притягивает, Поле Отталкивания отталкивает. И не может Поле Отталкивания притягивать. Не могут отрицательные заряды притягивать положительные.

Очевидно, что у опытов с отклонением частиц есть иное объяснение, нежели то, что существует.

Считается, что электроны – это носители отрицательного заряда, и именно поэтому они отклоняются (притягиваются) к аноду – положительному полюсу магнитного поля. А α-лучи – это ионы гелия, носители положительного заряда, вследствие чего они и отклоняются к катоду – отрицательному полюсу.

Испускаемые радиоактивными элементами, электроны (они же – фотоны верхних уровней Физического Плана), гамма-фотоны, а также элементы гелия движутся по инерции – их движет Сила Инерции. Она у всех у них разная по величине. Каждый луч – это поток объектов. Среди объектов происходит перераспределение эфира, из-за чего даже разные по качеству объекты движутся в потоке с одинаковой скоростью. Частицы с Полями Притяжения тормозят частицы Ян, а частицы с Полями Отталкивания толкают частицы Инь.

У фотонов гамма-уровня Поля Притяжения больше, а Поля Отталкивания меньше. И поэтому чтобы эти частицы могли вылететь из состава радиоактивного элемента и получить скорость, необходимую для преодоления расстояния, того же, что и в случае фотонов видимого диапазона, этим фотонам нужно иметь большую Силу Инерции. И они ее имеют. У электронов Сила Инерции меньше.

Поэтому Сила Инерции видимых фотонов легче преодолевается Силой Притяжения анода и Силой Давления электронов, вылетающих с катода. Обе эти Силы – Притяжение анода и давление электронов с катода действуют на движущиеся в камере или коробке объекты микромира. Кроме того – еще притяжение со стороны проводника катода. Но оно меньше притяжения анода. И кроме того, вдоль этого же вектора действует Сила Давления движущихся с катода электронов. В итоге, электроны с их малой Силой Инерции легко отклоняются к аноду под влиянием его притяжения и давления со стороны электронов с катода. Это отклонение хорошо заметно. А вот гамма фотоны с их большой Силой Инерции слабо реагируют на любую из трех действующих Сил – и не отклоняются.

Что касается элементов гелия, то это конгломераты частиц. Эти элементы характеризуются большим процентом частиц Ян. Вся их периферия заполнена частицами этого типа. Это означает, что притяжение анода и катода на них действует слабо. Электроны, испускаемые с катода, врезаются в элементы гелия и выбивают с их поверхности аккумулированные там свободные фотоны. В итоге, Поле Отталкивания элементов гелия со стороны удара уменьшается. А так как электроны движутся с катода, и сам катод имеет Поле Притяжения, следовательно, растет притяжение гелия к катоду. ИМЕННО ПОЭТОМУ ЭЛЕМЕНТЫ ГЕЛИЯ СЛЕГКА ОТКЛОНЯЮТСЯ К КАТОДУ, Т.Е. К ОТРИЦАТЕЛЬНОМУ ПОЛЮСУ. Ну а представление элементов гелия в качестве положительно заряженных – это абсолютно надуманный факт. Элементы гелия характеризуются Полем Отталкивания – т.е., напротив, они отрицательно заряжены.

Так что, как видите, опыты по отклонению лучей, испущенных радиоактивным элементом, легко можно объяснить с помощью все тех же известных нам Законов – Притяжения и Отталкивания. Любое вещество действует на другие с помощью Сил Притяжения и Отталкивания – одновременно.

То же самое можно сказать относительно протонов и их отклонения в электромагнитном поле.

Протоны были открыты в 1886 году немецким физиком Гольдштейном – с помощью катодной трубки с перфорированным катодом он обнаружил новый вид излучения, которое проникало через отверстия в катоде в направлении, противоположном потоку самих катодных лучей. Он назвал их канальными лучами. Так как канальные лучи распространялись навстречу потоку электронов с катода, которым был присвоен отрицательный заряд, Томсон определил их как положительное излучение. По величине их отклонения в магнитном поле установили, что самые маленькие из этих частиц имеют тот же заряд и массу, что и ион водорода. Эти частицы определили как антиподы электронов, и Резерфорд назвал их протонами (от греч. «первые»). Заряды протона и электрона определили как равные по величине, но противоположные по знаку. Причем протону присвоили массу, в 1836 раз превышающую массу электрона.

Так вот, протоны тоже отклоняются к катоду. Протон – это тоже конгломерат частиц, хотя и меньшего масштаба, нежели химические элементы гелия. Они тоже накапливают на своей поверхности свободные частицы. И выбивание этих частиц электронами, движущимися с катода и сталкивающимися с протонами, ведет к усилению Поля Притяжения протона со стороны катода. Именно поэтому протоны отклоняются к катоду.

Так что, как видите, совершенно неверно говорить только о массе электрона, протона, гамма-фотонов и любого другого объекта микромира. Среди них есть как массой, так и с антимассой, как с Полем Притяжения, так и с Полем Отталкивания.

Кроме того, не стоит оценивать массу и антимассу частиц и элементов, не учитывая при этом величину характеристики электромагнитного поля, а также качество источника частиц и элементов (т.е. что за химические элементы их испускают). Все эти факторы влияют на степень отклонения и их обязательно надо учитывать.

Но давайте вернемся к началу нашей статьи, к тому, с чего и начали.

Действительно ли масса протона равна массе иона водорода?

Действительно ли в химическом элементе водорода всего один протон?

Может ли такое быть, чтобы во всех известных химических элементах число протонов соответствовало его номеру в периодической таблице? Ведь это всего лишь НОМЕР?!!!

Мы убеждены, что ученые 19 века, создававшие концепцию атома, ошибались в трактовке результатов своих экспериментов. Ошибка ученых в том, что они не знали истинное число фундаментальных взаимодействий, коих всего 2 – притяжение и отталкивание. Выстраивай они свои концепции, исходя из одновременного воздействия этих двух Сил, возможно, они тогда бы верно объяснили суть происходящего и выстроили правильную модель химического элемента.

Ученые дали своей модели атома наименование – планетарная. И представили ее как плотное ядро, наполненное протонами и нейтронами (это Солнце) с летающими вокруг ядра электронами, олицетворяющими планеты.

Однако мы полагаем, что истинная планетарность химического элемента состоит в его соответствии не солнечной системе, а именно планете – любому небесному телу. В центре - плотное ядро, состоящее из тяжелых элементарных частиц (их конгломератов), так же, как в центре небесного тела сосредоточены плотные химические элементы. Мы и называем это плотное ядро планетой. По ней мы ходим. Такая мини-планета есть в центре любого химического элемента. А вокруг нее – атмосфера, состоящая из более легких конгломератов частиц – они соответствуют химическим элементам газам, из которых состоят атмосферы планет. Можно сказать, что есть более тяжелые протоны и есть более легкие. Точнее говоря, есть много разновидностей нуклонов, из которых состоит тело химического элемента. Так же как есть огромное число разновидностей химических элементов. На поверхности конгломератов частиц (нуклонов) накапливаются свободные частицы – фотоны – испускаемые солнцем или другими светящимися небесными телами, и попадающими на Землю, или любое другое небесное тело.

Легкие нуклоны и аккумулированные фотоны экранируют тяжелую, плотную часть химического элемента, так же, как легкие химические элементы и магнитосфера экранируют плотную и жидкую часть планеты. У легких нуклонов, так же, как и у легких химических элементов, очень много частиц Ян (с Полями Отталкивания). Среди фотонов также преобладают частицы Ян. Эфир, испускаемый этими частицами, нейтрализует Поле Притяжения плотной части – как химического элемента, так и планеты. В результате, проявление притяжения химического элемента или планеты уменьшается. Т.е. уменьшается масса – но не истинная, а проявляющаяся вовне.

К чему мы все это говорим? А к тому, что у любого конгломерата частиц есть реальная масса и та, что проявляется вовне. В составе химического элемента может быть очень много протонов. Но если они прикрыты сверху более легкими частицами, а также свободными фотонами, их масса (Поле Притяжения) не проявляется вовне так, как если бы не было этих экранирующих частиц.

Поэтому масса элемента водорода, проявляющаяся вовне, может быть почти такой же, как у протона. Или точно такой же. Но при этом элемент водорода просто экранирован легкими частицами, испускающими эфир – имеет атмосферу. А протон действительно имеет меньшую массу – реальную. Но так как он не экранирован, его масса со стороны ощущается как масса целого химического элемента водорода.

Не надо путать реальную массу с той, что, воспринимается со стороны. Два объекта могут иметь различную реальную массу (Поле Притяжения). Но из-за экранирования одного частицами, испускающими эфир, оно будет восприниматься со стороны, как имеющее ту же массу, что и другое, действительно более легкое.

Вот в чем весь секрет. Вот почему ученые ошибочно приняли протон за водород. На самом деле в ядре водорода много этих протонов – точнее, разных типов нуклонов. И число протонов в различных типах химических элементов не соответствует номеру элемента в периодической таблице.

АРИСТОТЕЛЬ И ГАЛИЛЕЙ О ПАДЕНИИ ТЕЛ – АНАЛИЗ ИХ МНЕНИЙ И СОПОСТАВЛЕНИЕ С НАШЕЙ КОНЦЕПЦИЕЙ

В вопросе, посвященном скорости падения тел, современная наука согласна с Галилеем, который в своих опытах якобы добился результатов, противоречащих утверждению Аристотеля, будто более тяжелые тела падают с большей скоростью, нежели более легкие.

Мы согласны с мнением Аристотеля, и не разделяем взглядов Галилея по этому вопросу. Мы полагаем, что тяжелые тела падают быстрее легких.

Давайте попробуем разобраться в этом вопросе.

«Аристотель родился в 384 г. до н. э. в городе Стагире, в северо-восточной области Греции. Город находился недалеко от границы с Македонией, и отец Аристотеля Никомах был придворным врачом македонского царя Аминты II. Сын Аминты Филипп, отец Александра Македонского, был другом детства

Аристотеля, впоследствии, будучи царем, он пригласил Аристотеля в наставники к своему сыну Александру, будущему знаменитому полководцу» (Кудрявцев П.С. «Курс истории физики»).

Аристотель внес огромный вклад в развитие научно-философской мысли.

«В реальных условиях движение конечно и тела падают с разной скоростью. Аристотель полагает, что, чем тяжелее тело, тем быстрее оно падает. Только Галилей опроверг это мнение Аристотеля, подтвердив отвергнутое Аристотелем утверждение, что в пустоте все тела падают одинаково» (Кудрявцев П.С. «Курс истории физики»).

Вот беседа из книги Г. Галилея, в которой говорится о свободном падении тел.

«*Симпличио.* …Аристотель доказывает, что существование движения противоречит допущению пустоты. Его доказательство таково. Он рассматривает два случая: один - движение тел различного веса в одинаковой среде; другой - движение одного и того же тела в различных средах. Относительно первого случая он утверждает, что тела различного веса движутся в одной и той же среде с различными скоростями, которые относятся между собой, как веса тел, так что, например, если одно тело в десять раз тяжелее другого, то и движется оно в десять раз быстрее.

Сальвиати. …Я сильно сомневаюсь, чтобы Аристотель видел на опыте справедливость того, что два камня, из которых один в десять раз тяжелее другого, начавшие одновременно падать с высоты, предположим, ста локтей, двигались со столь различной скоростью, что, в то время, как более тяжелый достиг бы Земли, более легкий прошел бы всего десять локтей.

И без опытов, путем краткого, но убедительного рассуждения мы можем ясно показать неправильность утверждения, будто тела более тяжелые движутся быстрее, нежели более легкие...» (**Г. Галилей**, «**Беседы и математические доказательства, касающиеся двух новых отраслей науки, относящихся к механике и местному движению**»).

Аристотель был великим Посвященным, и многие тайны Природы были ему ведомы. Не со всеми его выводами, касающимися Законов механики, мы согласны. Однако мы разделяем его суждение о том, что более тяжелые тела падают быстрее. И, соответственно, отвергаем мнение Галилея (при том, что также считаем его Посвященным и великим ученым). Факт наличия статуса Посвященного не означает, что человек всегда и обо всем выносит верные суждения.

Аристотель был совершенно прав, полагая, что суть явлений природы можно постигать умозрительно, не прибегая к опытам и экспериментам. Опыт может послужить прекрасным подтверждением и красочной демонстрацией для выдвигаемых теорий и концепций. Но желательно, чтобы теория предшествовала практике. В противном случае, можно легко ошибиться в оценке результатов эксперимента, или в оценке явления, как это часто и случалось в истории науки.

Но вернемся к вопросу о скорости падения тел.

Галилей проводил опыты, в которых он скатывал тела по желобам, и измерял скорость их спуска, сравнивая скорость скатывания тел разной величины. Конечно, можно приблизительно считать, что скатывание тела аналогично его свободному падению. Это, правда, не совсем так, поскольку когда тело катится по желобу, его инерционное движение значительно тормозит вещество самого желоба, забирая у него энергию (эфир) – уменьшает, так называемый, импульс. В то время как во время свободного падения тело движется сквозь газообразное тело (воздух), которое энергию (эфир) у падающего тела не забирает. И тормозится падающее тело только из-за столкновения с молекулами и элементами воздуха. Однако в любом случае, и при скатывании, и при свободном падении, это движение тела вниз под действием гравитации. И скорость свободного падения находится в прямо пропорциональной зависимости от скорости скатывания.

Мы считаем, что опыты Галилея нельзя брать за основу, если мы хотим разобраться в вопросе скорости падения тел. Хотя мы их, несомненно, учитываем. На наш взгляд, ощутимой разницы в скорости падения тел, чьи размеры и масса не имеют значительных отличий (как это и имело место в опытах Галилея), не будет. Разница присутствует, но она столь мала, что ее трудно зафиксировать без помощи точных приборов.

Если взять, к примеру, теннисный мячик и стальной шар диаметром несколько метров (ну хотя бы 2 м), и сбросить их с высоты несколько сотен метров (например, с километровой высоты), убеждены, что в момент удара об землю, второй шар будет иметь большую скорость падения. Это будет иметь место и при падении в вакууме, и в атмосфере. И данное утверждение вытекает не только из практических наблюдений. Мы опасаемся падения сверху более тяжелых предметов именно из-за того, что их большая масса заставляет их при падении развивать большую скорость. А чем больше скорость, тем больше сила удара. Нет, не только поэтому мы утверждаем, что более тяжелые тела падают быстрее. Наше суждение основано на анализе самого механизма гравитации.

Ведь что такое гравитация? Тела притягиваются, потому что поглощают эфир, который их разделяет. Наша планета поглощает эфир. И все тела меньшей массы движутся в этом эфирном потоке – падают на нее. И при этом они продолжают поглощать эфир, создавая перед собой эфирную яму, в которую падают, ускоряя свое падение.

Тела состоят из химических элементов, а химические элементы из элементарных частиц.

Есть частицы, поглощающие эфир (Инь), а есть – испускающие (Ян). В химических элементах, из которых состоят плотные тела, значительно преобладают частицы Инь. В жидких процент частиц Инь меньше. В газообразных – еще меньше.

Любое плотное тело (если оно не нагрето до температуры горения) тянет на себя из окружающего эфирного поля эфир. Эфир поступает к нему всегда, где бы оно ни находилось. Таков закон природы – Закон поведения эфира.

Чем больше плотное тело, тем больше эфира оно поглощает из окружающего поля. Это логично.

Чем больше плотное тело, тем больше его масса, т.е. суммарное Поле Притяжения. Это Поле Притяжения – это и есть поток эфира, поступающего в тело.

Чем больше суммарное Поле Притяжения тела, тем быстрее оно формирует под собой эфирную яму, когда падает в поле притяжения планеты. В эфирную яму тело падает, ускоряя, тем самым, свое падение.

Так что, более тяжелые тела, т.е. тела с большей массой, падают в гравитационном поле Земли (да и любого другого небесного тела) быстрее, нежели более легкие.

Это и было опровержение мнения Галилео Галилея, касающееся скорости падения тел разной массы, и подтверждение мнения Аристотеля.

Это основное в нашем объяснении.

На этом можно было бы и остановиться. Однако есть еще несколько моментов, которые хотелось бы обсудить, рассказывая о скорости падения.

Во-первых, не следует забывать о том, что существуют вещества, находящиеся при нормальных условиях в разном агрегатном состоянии. Они несколько по-разному ведут себя в гравитационном поле Земли (небесного тела). Падают только твердые и жидкие. Газообразные не падают так явственно как плотные и жидкие. Хотя они тоже могут приближаться ближе к земле (или воде), если, например, охлаждаются. Это оседание более холодных, более тяжелых слоев газа, и есть его падение.

А, во-вторых, в движении любого падающего тела присутствует инерционный компонент. Т.е. тела падают не только потому, что их притягивает небесное тело. Но и потому что частицы Ян в составе тел в ходе падения трансформируются и начинают двигаться по инерции. Приходят в состояние самоподдерживающегося движения. А все потому, что они должны падать (притягиваться) с меньшей скоростью, нежели это делают частицы Инь в составе тех же тел. В результате они движутся не вместе с эфирным потоком, а относительно него. В них входит эфир, заднее полушарие испускает эфир, и он толкает частицу вперед – так и возникает инерция.

Мы подробно освещали тему падения тел и рассматривали, что при этом с ними происходит в статье «Ускорение свободного падения».

Приведем текст статьи целиком, поскольку она посвящена интересующему нас вопросу.

«Почему частицы «падают» в Полях Притяжения химических элементов, а тела «падают» в Полях Притяжения небесных тел?

Почему на определенном расстоянии от поверхности Земли (в Космосе), а также в процессе падения на Землю, тело находится в состоянии «невесомости»?

Что такое «падение»? Падение – это процесс приближения частицы, химического элемента или тела к объекту, обладающему Полем Притяжения. Объект, в данном случае – это также элементарная частица, химический элемент или тело. Свободным следует считать падение, когда падающему объекту совсем не мешают в процессе падения другие объекты (частицы, элементы, тела). Падение сквозь атмосферу Земли нельзя считать абсолютно свободным. Однако из-за того, что элементы воздуха почти не оказывают сопротивления падающему телу, такое падение условно можно считать приблизительно «свободным».

Рассмотрим процесс свободного падения на примере падения частицы, обладающей Полем Притяжения. Пускай частица находится на таком расстоянии от объекта, обладающего Полем Притяжения, где существует ток эфира по направлению к данному притягивающему объекту – т.е. Поле Притяжения этого объекта. Эфир, заполняющий частицу, движется в направлении объекта с Полем Притяжения, подчиняясь принципу «Природа не терпит пустоты». Движение заполняющего частицу эфира увлекает с собой саму частицу, точнее, увлекает заполняющий ее эфир. Если бы вместо отдельно взятой частицы находился химический элемент или тело, то данный процесс движения вместе с эфиром, происходил бы во всех частицах, образующих данный элемент или элементы тела.

В нашем примере частица сама обладает Полем Притяжения – т.е. эфир из окружающего ее пространства равномерно входит в нее со всех сторон. Таким образом, притягиваемая частица сама равномерно поглощает со всех сторон эфир (который входит в нее), и одновременно движется вместе с заполняющим ее эфиром в сторону объекта, источника Поля Притяжения.

Если частице в ее движении к притягивающему ее объекту препятствуют другие частицы – например, частицы на поверхности химического элемента или частицы в составе химических элементов на поверхности планеты, свободно падавшая частица останавливается, а через нее начинает двигаться эфирный поток (Поле Притяжения), движущийся к создающему это Поле объекту.

Можно сказать, что «у него нет другого выхода».

Почему, к примеру, человек, когда находится на поверхности планеты, ощущает вес своего тела, а когда свободно падает сквозь атмосферу – ощущает «невесомость»?

Вес – это Сила Притяжения. В данном случае – Сила Притяжения к общему числу химических элементов, располагающихся вдоль линии, проведенной через центр планеты. Каждая частица в нашем теле испытывает данную Силу Притяжения, направленную к центру Земли. Как мы вообще субъективно оцениваем наличие в нашем теле веса (Силы Притяжения) к планете? Ну, во-первых, по величине давления, испытываемого каждой нижележащей частицей со стороны вышележащих. А, во-вторых, по величине напряжения мышц, поддерживающих тело в вертикальном положении, а также в процессе перемещения всего тела или его конечностей, включая голову.

У падающего в Поле Притяжения объекта его собственный вес ощущается по возникновению давления вышележащих элементов на нижележащие, а также по мышечному напряжению. Происходит это тогда, когда на пути у него встречается другой объект, препятствующий его дальнейшему падению. Частицы тела не могут двигаться вместе с эфирным потоком Поля Притяжения, увлекающего их. И через частицы начинает течь эфирный поток. А состояние невесомости возникает тогда, когда падающему объекту ничто не мешает падать, в результате чего частицы тела движутся вместе с эфирным потоком Поля Притяжения.

Состояние невесомости наиболее ярко проявляется в «открытом Космосе», вдали от небесных тел. Величина Поля Притяжения по мере отдаления от небесных тел уменьшается – т.е. уменьшается скорость эфирного потока, движущегося из окружающего эфирного поля. В результате, практически не происходит процесса падения частиц (элементов, тел) на эти небесные тела. Точнее это процесс очень медленный. А, во-вторых, космическая среда очень разреженная – поэтому ничто не препятствует даже такому медленному процессу падения.

Давайте вместе задумаемся, почему падение твердых и жидких тел в Поле Притяжения Земли происходит равноускоренно?

Мы уже говорили о том, что такое «падение» и что такое «свободное падение».

Мы рассматриваем ускорение свободного падения при нормальных условиях – т.е. в условиях обычного состояния атмосферы.

Чем ближе к объекту с Полем Притяжения, тем выше скорость эфирного потока, движущегося по направлению к этому объекту. Сила притяжения, как известно, тоже нарастает с уменьшением расстояния. Однако вовсе не это является объяснением ускорения тел, падающих в Поле Притяжения планеты. Если бы это было так, то на каждом, строго определенном расстоянии от центра планеты, величина скорости любых падающих тел была бы строго определенной и соответствовала бы скорости эфирного потока Поля Притяжения планеты. Но на деле это не так. Скорость падения тел нарастает по мере увеличения проходимого ими расстояния. При этом существует зависимость между массой тела и конечной скоростью. Более тяжелое тело, сброшенное вместе с легким с одной высоты, достигнет в итоге большей скорости – упадет на землю с большей скоростью. Давайте постараемся разобраться.

Тела состоят из химических элементов. Твердое и жидкое при нормальных условиях агрегатное состояние тел указывает на то, что эти тела состоят из химических элементов определенного типа. Нам не известен точный качественно-количественный состав этих элементов. Но, несомненно одно – количество частиц с Полями Притяжения в этих элементах больше или равно количеству частиц с Полями Отталкивания. Во всех элементах твердых тел (или в их части, если тело состоит из химических соединений) количество частиц с Полями Притяжения значительно преобладает над числом частиц с Полями Отталкивания.

Именно поэтому тела, состоящие из таких элементов, твердые – т.е. они не изменяют форму в Поле Притяжения небесного тела, на поверхности которого находятся.

Во всех или в части химических элементов жидких тел количество частиц с Полями Притяжения либо равно, либо преобладает над числом частиц с Полями Отталкивания (хотя преобладает в меньшей степени по сравнению с элементами твердых тел). Именно поэтому тела, состоящие или имеющие в своем составе такие элементы, жидкие, а не твердые или газообразные.

Тело падает – т.е. стремится в направлении центра небесного тела – потому что в нем возникает Сила Притяжения со стороны элементов планеты. А точнее, Сила Притяжения возникает в каждой частице каждого химического элемента этого тела.

А теперь, после небольшого объяснительного вступления, постараемся непосредственно ответить на вопрос - почему скорость наблюдаемого падения сквозь атмосферу жидких и твердых тел равномерно нарастает.

Как уже не раз говорилось, химические элементы содержат частицы, как с Полями Притяжения, так и с Полями Отталкивания (причем с разной величиной и тех, и других Полей). Во всех частицах элементов падающих тел возникает Сила Притяжения, направленная к центру планеты. Но в частицах разного качества величина этой Силы разная. У частиц с Полями Притяжения величина Силы Притяжения по отношению к одному и тому же притягивающему объекту всегда больше по сравнению с частицами с Полями Отталкивания. И чем больше величина Поля

Притяжения частицы, тем больше Сила Притяжения. Чем больше Поле Отталкивания, тем Сила Притяжения меньше. Сумма Сил Притяжения, возникающих во всех частицах какого-либо падающего элемента, взятая по отношению ко всем этим частицам, будет представлять собой среднее значение Силы Притяжения, действующей в данном химическом элементе. Точно также можно найти среднее значение Силы Притяжения для всех химических элементов, входящих в состав какого-либо падающего тела.

Причем заметьте, частицы с Полями Притяжения увеличивают среднее значение Силы Притяжения, возникающей в элементе, а частицы с Полями Отталкивания – уменьшают.

В пункте, посвященном Силе Притяжения, уже говорилось о том, что чем больше величина Силы Притяжения, возникающей в частице, тем больше скорость движения частицы – т.е. тем быстрее она «падает» в направлении притягивающего объекта. Скорость падения химического элемента соответствует среднему значению Силы Притяжения для данного элемента. А тело, соответственно, падает со скоростью, соответствующей среднему арифметическому Сил Притяжения всех элементов в его составе.

Однако здесь говорится о падении химического элемента или тела, протекающего в идеальных условиях – т.е. в пустом пространстве, когда падению не мешают элементы атмосферы. В реальности, при падении сквозь атмосферу, скорость падения твердых тел очень сильно зависит от их формы, а не только от средней величины Силы Притяжения.

Тело падает со скоростью, соответствующей средней величине Силы Притяжения всех элементов этого тела. При этом данная скорость всегда меньше той, с которой должны падать частицы с Полями Притяжения в составе элементов этого тела, и больше той, с которой должны падать частицы с Полями Отталкивания в составе элементов тела. Таким образом, частицы с Полями Отталкивания движутся не вместе с эфирным потоком в составе Поля Притяжения притягивающего объекта, а относительно него, следствием чего является возникновение инерционного движения частицы. Как вы помните, инерционное движение частиц с Полями Отталкивания имеет прямолинейный и равноускоренный характер. Эфир, испускаемый частицами с Полями Отталкивания, оказывается позади и толкает частицы вперед, к притягивающему их объекту. В процессе инерционного движения скорость частиц с Полями Отталкивания постепенно нарастает, стремясь стать равной скорости испускания ими эфира (т.е. величине их Полей Отталкивания). Частицы с Полями Отталкивания двигаясь, толкают вместе с собой и частицы с Полями Притяжения, соседствующие с ними в составе конгломератов.

Факт, приведенный в начале статьи – большая конечная скорость у более тяжелых тел, хорошо укладывается в концепцию инерции, излагаемую в этой книге. Более тяжелые тела притягиваются с большей Силой Притяжения. Это означает, что в каждый момент времени скорость притяжения такого тела выше. Из-за этого частицы с Полями Отталкивания в составе такого тела будут трансформированы в большей мере, так как избыточный эфир, относительно которого они движутся, будет поступать в них с большей скоростью. Таким образом, более тяжелое тело ускоряется быстрее.

В итоге, химические элементы тела падают все быстрее. В этом и заключен смысл объяснения, почему мы можем наблюдать ускорение падения жидких и твердых тел. И явление инерции можно наблюдать, в том числе, и в процессе падения жидких и твердых тел в Поле Притяжения любого небесного тела, например, Земли.

Если бы причина существования такого явления, как ускорение при свободном падении тел, действительно лежала в законе всемирного тяготения, тогда на каждой определенной высоте над землей существовала некая определенная скорость падения для всех тел, независимо от их массы и времени, прошедшего с начала их падения.

Тем не менее, этого нет. На одной и той же высоте разные тела (да и одни и те же тоже) могут падать с совершенно разной скоростью. Тяжелее тело и дольше падает по времени (с большей высоты) - упадет с большей скоростью. Меньше масса и меньше падает - упадет с меньшей скоростью. В этом может убедиться каждый, хоть бросая вещи с разной высоты и наблюдая эффект, хоть даже при просмотре фильмов - например, как падают разные тела с высоты. Метеориты, камни, да все, что угодно. От падения более тяжелого тела и с большей высоты яма на земле будет несравнимо больше.

Так что, ***во-первых, причина существования ускорения при падении вовсе не закон тяготения, а закон инерции*** (хоть и не совсем в той трактовке, что предлагал Ньютон, при всем моем к нему уважении). А во-вторых, *тела разной массы ускоряются в разной мере. Более тяжелые ускоряются сильнее. Нужно лишь проводить такие опыты, где сопоставляются падения тел с очень большой разницей в массе, чтобы стала заметна разница в ускорении. Желательно, чтобы еще это были тела с разной плотностью. Например, маленький деревянный шарик и 5-этажный дом из металла (железа). Тогда, наверное, разница будет очень заметна*» («Учение Джал Кхула - Механика тел», статья «Ускорение свободного падения. Невесомость»).

ВЕЛИКОЕ ОБЪЕДИНЕНИЕ ФУНДАМЕНТАЛЬНЫХ ВЗАИМОДЕЙСТВИЙ

Вознесенные Учителя, представители Трансгималайской Эзотерической Школы, убеждены, что в Природе, *во Вселенной, существуют только два основных типа фундаментального взаимодействия – притяжение и отталкивание*. И обусловлено их существование качеством самих взаимодействующих частиц. Бывают частицы, поглощающие эфир (дух, энергию). Это частицы Инь. А есть испускающие – Ян. Поглощение или испускание эфира – это и есть качество элементарных частиц.

Эфир (энергия, дух, теплород и т.д. – есть множество синонимов) – это неуловимое Нечто.

Оно пронизывает и напитывает Пространство. Современная наука настаивает на том, что существуют *4 фундаментальных взаимодействия: гравитационное, электромагнитное, сильное и слабое*. Что они собой представляют и какая концепция верна – современная научная или наша?

Предлагаем вам попробовать разобраться в этом вопросе. Иначе говоря – совершить Великое объединение фундаментальных взаимодействий, о котором так давно и так много говорят и пишут, и совершить которое уже пытались несчетное число раз.

Мы не станем тратить время на детальную критику предложенных концепций объединения. Вместо этого основное внимание уделим разбору сути 4-х взаимодействий, предложенных наукой, а также возможности соотнесения их с 2-мя взаимодействиями, предложенными нами.

Мы убеждены, что все существующие в Природе взаимодействия можно свести к 2-м: к притяжению и отталкиванию. И постараемся убедить вас в том, что все 4 существующих в научном мировоззрении взаимодействия можно свести к указанным двум. В частности, магнитное поле, гравитационное и сильное взаимодействие относятся к проявлению Сил Притяжения. А электрическое поле и слабое – это действие Сил Отталкивания.

Но давайте по порядку.

Вначале несколько цитат, рассказывающих о сути притяжения и отталкивания.

«Любая элементарная частица представляет собой сферу. Независимо от качества частицы, радиус любой из них одинаков для всех существующих частиц. Не следует представлять себе частицу в виде плотного образования с прочными стенками. Нет, частица погружена в эфир. Частица – это «точка касания Творца», это нечто. Эфир (Энергия), заполняющий сферу в данный момент времени, принадлежит только данной частице. Все остальные частицы не могут в этот момент каким-либо образом «претендовать» на этот заполняющий частицу Эфир» (Эзотерическое Естествознание, книга 1, Строение и качество элементарных частиц).

«…ни в коем случае нельзя придавать Эфиру и Силовым Центрам черты чего-то вечного, постоянного. Единственная вечная субстанция, существующая во Вселенной – это само Пространство, Материя. В то время как Дух (Эфир) и Души (Элементарные Частицы), как уже говорилось, следует характеризовать как измененное состояние Пространства, возмущения» в нем. Отдаленно Дух можно сравнить с рябью на поверхности водоема. Хотя конечно, Дух вовсе не рябь. Он эфемерен, невеществен и иллюзорен. Рябь искажает форму водной поверхности, но при этом вода, по которой бегут волны все также остается водой. То же самое относится и к Духу. Он искажает состояние Пространства, но Пространство при этом не перестает быть собою. Силовые Центры – это тоже «рябь», но иного рода, нежели эфир. И все же, несмотря на иллюзорность Духа и Души, для нас, существ, построенных из них, они более чем реальны» (Эзотерическое Естествознание, книга 1, Дух — это эфир, энергия, информация. Душа — это элементарная частица).

«Каждая частица характеризуется двойственными «взаимоотношениями» с Эфиром (Энергией-Информацией). В любой частице в единицу времени ***исчезает*** *(разрушается) определенное количество Эфира*. И в то же время, каждая частица в единицу времени ***творит определенное количество Эфира***. Возникает Энергия-Эфир в центральной точке сферы элементарной частицы и движется в направлении ее периферии. Там располагается область, где происходит исчезновение (разрушение) Энергии-Информации» («Эзотерическое Естествознание», книга 1, Строение и качество элементарных частиц).

«Полями Притяжения характеризуются частицы, у которых количество поглощаемого Эфира больше количества творимого. Эфир эфирного поля, в который погружена частица с Полем Притяжения, поступает внутрь частицы в области соприкосновения эфирного поля со «стенкой» частицы. А Эфир из окружающего эфирного поля заполняет возникающую пустоту и движется в направлении частицы с Полем Притяжения. Собственно, эфирный поток, движущийся по направлению к частице, это и есть **Поле Притяжения**. В каждой точке поверхности частицы в единицу времени поступает в частицу одинаковое количество Эфира из окружающего эфирного поля. Поля Отталкивания присутствуют у частиц, у которых количество творимого Эфира больше количества поглощаемого. При этом частица в первую очередь разрушает собственный Эфир, который сама же и «производит». Остающийся в частице после разрушения избыток творимого Эфира испускается поверхностью частицы вовне. Этот испускаемый частицей Эфир оттесняет Эфир эфирного поля, окружающий «стенки» частицы. Эфирный поток, отдаляющийся от поверхности частицы, это и есть **Поле Отталкивания**. Каждая точка поверхности частицы в единицу времени испускает одинаковое количество Эфира» («Эзотерическое Естествознание», книга 1, Строение и качество элементарных частиц).

«*Инь* – это эзотерический символ всех существующих во Вселенной элементарных частиц (Душ) с Полями Притяжения. *Ян* – это эзотерический символ элементарных частиц (Душ) с Полями Отталкивания («Эзотерическое Естествознание», книга 1, Строение и качество элементарных частиц).

«Весь существующий во Вселенной Эфир стремится равномерно заполнять каждую точку пространства. Отсюда *первый принцип* эфирного поля – «*В эфирном поле не возникает эфирных пустот*». Данное выражение означает, что, если в какой-либо точке пространства исчезает Эфир, Эфир окружающего эфирного поля «течет» в данном направлении, создавая эфирный поток» («Эзотерическое Естествознание», книга 1, Принципы поведения эфира).

«Данный принцип поведения Эфира эфирного поля лежит в основе механизма гравитации – притяжения друг к другу объектов, начиная с таких, как элементарные частицы» («Эзотерическое Естествознание», книга 1, Принципы поведения эфира).

«***Второй принцип*** поведения эфира – «***В эфирном поле не возникает областей с избыточной плотностью Эфира***» – означает, что если в какой-либо точке пространства возникает избыток Эфира, то окружающий эту точку Эфир начинает отдаляться от нее. Можно иначе сказать, что возникающий Эфир оттесняет окружающий Эфир.

Данный принцип, как и предыдущий, распространяется также и на Эфир в составе элементарных частиц. Данный принцип лежит в основе механизма антигравитации – т.е. отталкивания объектов» («Эзотерическое Естествознание», книга 1, Принципы поведения эфира).

«Творимый частицей Эфир в первую очередь используется для «разрушения» самой же творящей его частицей, так как, двигаясь от центральной точки к периферии, он обязательно встретит на пути Зону Разрушения, где будет разрушено в единицу времени необходимое его количество. Если скорость разрушения Эфира больше скорости творения, то весь творящийся эфир «расходуется». И плюс к этому еще остается «недостаток» Эфира, который должен исчезать в частице в единицу времени. Этот недостаток поступает к частице из окружающего эфирного поля. Если же скорость творения Эфира больше скорости разрушения, то в частице возникает «избыток» Эфира, который она испускает в окружающее пространство.

Думаем, вам уже нетрудно догадаться, что Эфир, поступающий к частицам с «недостатком» Эфира – это и есть известные в науке ***Поля Притяжения (гравитационные поля)***. Соответственно, Эфир, испускаемый частицами с его «избытком» – это непризнанные наукой ***Поля Отталкивания (антигравитационные поля)***. Заметьте, Эфир движется по направлению к частицам с Полями Притяжения не потому, что они его к себе притягивают, а в соответствии с тем законом, что «в эфирном поле не возникает эфирных пустот». Эфир всегда движется туда, где по соседству с ним возникает «пробел» в эфирном поле. Можно сказать, что Эфир «стекает» в частицы с Полями Притяжения. По-другому такие частицы можно называть ***поглощающими Эфир***. Аналогично, Эфир отдаляется от частиц с Полями Отталкивания не потому, что те «толкают» его. В соответствии с принципом «в эфирном поле не возникает областей с избыточной плотностью Эфира» он всегда отдаляется от того места, где в эфирном поле появляется лишний Эфир. Он «вытекает» из частиц с Полями Отталкивания. А сами такие частицы следует называть ***испускающими Эфир***» («Эзотерическое Естествознание», книга 1, Поля Притяжения и Отталкивания – внешнее проявление качества элементарных частиц).

«***Механизм притяжения*** основан на первом принципе поведения эфира – «***В эфирном поле не возникает эфирных пустот***». Эфир, заполняющий частицу, движется в направлении недостатка Эфира, возникающего в том месте эфирного поля, где располагается объект, обладающий Полем Притяжения. При этом неважно, каким качеством обладает сама притягиваемая частица – она может иметь как Поле Притяжения, так и Поле Отталкивания, и величина этих Полей может быть любой. В любом случае заполняющий ее Эфир будет двигаться в направлении недостатка – т.е. в составе эфирного потока Поля Притяжения объекта, «притягивающего» частицу.

Эфирный поток Поля Притяжения, увлекающий притягиваемую частицу, это и есть ***Сила Притяжения***» («Эзотерическое Естествознание», книга 1, Механизм гравитации).

«Процесс притяжения можно сравнить со сматыванием нити. Если обе частицы обладают Полями Притяжения, тогда «клубки» расположены сразу на обоих концах «нити», и они оба наматывают на себя «нить» одновременно, каждый со своей стороны. «Нить» в данном случае – это Эфир, а «клубки» – это частицы. Клубок-частица, «мотающий» Эфир с большей скоростью, будет приближать к себе «клубок», наматывающий Эфир с меньшей скоростью. Когда «клубки» полностью сматывают свободную «нить» между собой, они соприкасаются друг с другом и останавливаются. В данном случае оба «клубка» наматывают «нить», т.е. оба обладают Полем Притяжения. Но может быть и так, что только один из «клубков» наматывает на себя «нить», в то время как другой ее разматывает – т.е. только одна из частиц обладает Полем Притяжения, в то время как другая имеет Поле Отталкивания. Естественно, что клубки-частицы с Полями Притяжения способны наматывать на себя нить-эфир бесконечно, не изменяя при этом своего размера, так же как клубки-частицы с Полями Отталкивания способны бесконечно ее с себя сматывать (тоже не изменяя величину радиуса). Так и осуществляется процесс притяжения частицами других частиц» («Эзотерическое Естествознание», книга 1, Механизм гравитации).

«*Механизм антигравитации* (отталкивания) полностью противоположен механизму гравитации (притяжения).

Одна из двух частиц, участвующих в антигравитационном взаимодействии, обязательно должна иметь Поле Отталкивания. В противном случае уже нельзя вести речь об антигравитационном взаимодействии. Мы сравнивали процесс притяжения со сматыванием «клубка». Если провести аналогию с механизмом гравитации, тогда процесс отталкивания – это разматывание «клубка». Частица с Полем Отталкивания – это «клубок». Испускание ею Эфира – это разматывание «нити» (Эфира). Частица с Полем Отталкивания, разматывая «нить» (испуская Эфир), увеличивает расстояние между собой и окружающими частицами, т.е. отталкивает, отдаляет их от себя. При этом Эфир в частицах с Полями Отталкивания не иссякает. Частицы не прекращают его испускать.

Из двух частиц, участвующих в процессе антигравитации, та, что обладает Полем Отталкивания, будет отталкивающей. А вторая частица, соответственно, будет отталкиваемой. Отталкиваемой может быть частица любого качества – как с Полем Отталкивания, так и с Полем Притяжения. В том случае, если обе частицы обладают Полями Отталкивания, каждая из них будет одновременно играть роль как отталкивающей, так и отталкиваемой. Механизм отталкивания основан на втором принципе Закона действия Сил – «***В эфирном поле не возникает областей избыточной плотности***». Эфир, заполняющий силовой центр частицы, а вместе с ним и сам силовой центр частицы отдаляются от избытка Эфира, возникающего в том месте эфирного поля, где располагается объект, обладающий Полем Отталкивания, т.е. тот, у которого количество творимого Эфира преобладает над количеством исчезающего» («Эзотерическое Естествознание», книга 1, Механизм антигравитации).

«*Сила Отталкивания*, возникающая в какой-либо частице – это эфирный поток, заставляющий Эфир частицы отдаляться от возникающего в эфирном поле избытка Эфира.

Избыток Эфира всегда формируется частицей с Полем Отталкивания» («Эзотерическое Естествознание», книга 1, Механизм антигравитации).

Вот вкратце и весь механизм двух фундаментальных взаимодействий, управляющих Вселенной.

Еще следует упомянуть, что в трудах всех теософов, передававших откровения Махатм, вы можете найти упоминания о **Законе Притяжения и Отталкивания** – и у Е. Рерих, и у Е. Блаватской, и у А. Бейли. И уж, конечно, и в этой серии книг мы не могли обойти его своим вниманием. Поскольку это воистину фундаментальнейший Закон Бытия, на котором зиждется этот мир. Этот Закон не единственный (можно упомянуть не менее глобальные – Закон Отождествления или Закон Трансформации – но они управляют совсем иными аспектами).

Однако именно притяжение и отталкивание в первую очередь руководит всей физикой Космоса.

А теперь перейдем к рассмотрению научных воззрений на этот вопрос.

«Греческий философ Фалес из Милета примерно в 600 году до н.э. заметил, что кусочки смолы, найденные на берегу Балтийского моря (которые мы называем янтарем, а древние греки – электроном), обладают способностью притягивать перышки, нитки или пушинки, если их потереть о кусочек меха или шерсти» (А. Азимов «Путеводитель по науке», Физические науки, Электричество).

В 1600 году, в своем труде «О магните, магнитных телах и большом магните – Земле» «…англичанин В. Гилберт, открывший в свое время магнетизм, предложил назвать эту силу взаимного притяжения электричеством.

Гилберт также установил, что помимо янтаря подобным свойством обладают и другие материалы, например, стекло» (А.Азимов «Путеводитель по науке», Физические науки, Электричество).

С этого времени началась эпоха опытов и экспериментов, посвященных изучению природы электричества. Список ученых, вовлеченных в это исследование, достаточно велик.

Ш. Дюфэ (1733), Ж. Дезагулье (1740), Б. Франклин, Е. фон Клейст, П.Муссенброк, Ш. де Кулон (1785), Л. Гальвани (1791), А. Вольта (1806), У. Дэви (1807 – 1808), Фарадей, А. Ампер, Г. Ом, В. Гроув, В. Стеджен, Дж. Генри, Ф. Хефнер-Атенек, Т. Эдисон, Тесла, Дж. Вестингауз.

Это далеко не полный список мыслителей,

интересовавшихся явлениями электромагнетизма.

В 1860-х годах Максвелл подвел математическую базу под эксперименты Фарадея – в 1863 создал теорию электромагнетизма.

В 1666 году И. Ньютон открыл Закон Всемирного тяготения – гравитацию. Согласно этой теории каждое тело, обладающее массой, порождает силовое поле притяжения к нему. И до Ньютона существовало немало ученых, размышлявших о существовании гравитации – Эпикур, Гассенди, Кеплер. Борели, Декарт, Роберваль, Гюйгенс, Буллиальд, Рен, Гук и другие.

В 1915 году Альберт Эйнштейн сформулировал общую теорию относительности, в которой изложил собственные взгляды на природу гравитации, отличные от ньютоновых.

Фарадей и Максвелл в своих воззрениях на электромагнетизм придерживались «***концепции близкодействия***». Смысл близкодействия состоит в том, что тела обмениваются материальными носителями (частицами) и именно так взаимодействуют друг с другом. Эти ученые не понимали и не разделяли «***концепцию дальнодействия***», предложенную Ньютоном для объяснения его теории гравитации. Согласно идеям Ньютона, взаимодействие между телами может передаваться через пустое пространство, без какого-то ни было материального носителя. Мы тоже являемся сторонниками идей дальнодействия. Заполняющий пространство эфир как раз и является передатчиком взаимодействия между частицами.

Исчезновение эфира в какой-либо точке пространства ведет к его мгновенному перераспределению и устремлению в эту точку. Появление избытка эфира заставляет окружающий эфир отдаляться от этой точки. И недостаток эфира, и его избыток ощущается телами на любом конце Вселенной. Так и осуществляется дальнодействие.

Что касается обмена материальными носителями, то есть близкодействия, то этот процесс как раз и нельзя рассматривать в качестве истинного фундаментального взаимодействия тел.

Современная наука и поныне стоит на позициях идеи близкодействия. Для осуществления взаимодействия между телами ученым обязательно требуются какие-либо элементарные частицы. Для гравитации даже были изобретены некие несуществующие «гравитоны», лишь бы следовать устоявшимся взглядам. А всему «виной» стали явления электромагнетизма, в ходе которых тела, химические элементы поглощают и испускают потоки электричества — элементарных частиц. Однако следует понимать, что это просто обмен материальными носителями, а вовсе не истинно фундаментальное взаимодействие. В дальнейшем, чуть ниже, мы обязательно более подробно расскажем о том, какие частицы в каждом типе взаимодействия рассматриваются наукой в качестве основных носителей того или иного взаимодействия. А также поведаем о наших взглядах на этот вопрос.

Мы не разделяем взглядов А. Эйнштейна на гравитацию – мы не считаем, что это есть искривление пространства. Однако его труды сыграли очень значительную роль в ходе развития науки, позволив ученым XX века всерьез задуматься над возможностью объединения явлений гравитации и электромагнетизма (и не только в этом состоит его вклад, Эйнштейн великий посвященный, пусть и не во всем он прав).

После А. Эйнштейна в первой половине XX века ученые не раз предпринимали попытки объединения взглядов на гравитацию и электромагнетизм. Мы не случайно употребляем слово «взгляды», ведь не согласуются именно представления ученых, а не сами явления. Во второй половине XX века в физику были введены еще 2 фундаментальных взаимодействия – сильное и слабое. Ввели их после проведения множества экспериментов, связанных с изучением явления радиоактивности и строения химического элемента (так называемого, атома).

Термин «*сильное взаимодействие*» появилось еще в 1930-х годах, когда ученые не смогли с помощью гравитационного и электромагнитного взаимодействий объяснить, что связывает нуклоны (протоны, нейтроны) в ядрах химических элементов. В 1935 году Х. Юкава построил теорию взаимодействия нуклонов путем их обмена π-мезонами. В дальнейшем появилась новая концепция, согласно которой нуклоны состоят из кварков, которые взаимодействуют при помощи глюонов.

Слабое взаимодействие было введено в 1930-х годах с тем, чтобы объяснить существование бета радиоактивного распада ядра. Первую теорию разработал Э. Ферми.

А теперь, после краткого изложения истории формирования взглядов на природу фундаментальных взаимодействий, давайте перейдем к нашим идеям.

Мы не раз упоминали на станицах книг этой серии, что магнитное поле – это гравитационное поле.

Может быть, если бы концепции для обоих открытий – для и гравитации, и для магнетизма – разрабатывал один и тот же ученый, то он задумался о схожести этих явлений, и высказал предположение об их тождественности. Однако ни Ньютон, ни Максвелл не связали воедино эти два типа взаимодействия. А ученые последователи так и продолжают вслед за ними не приводить эти явления к единому знаменателю. Боятся нарушить традиции. А сделать это очень легко. ***Ведь в обоих случаях речь идет о притяжении тел.*** Просто в случае гравитации говорится о притяжении со стороны всего вещества планеты (или другого небесного тела). А магнетизм – это притяжение со стороны определенного вещества – со стороны металла. Ведь явления магнетизма мы наблюдаем на примере проводников. А проводники – это всегда чистые металлы или вещества, содержащие их преобладающее количество.

К случаю притяжения можно отнести и сильное взаимодействие. В этот раз мы тоже наблюдаем притяжение, только внутри ядра химического элемента. Почему ученые 19 и 20 веков не провели эти простые аналогии? ***Ведь в любом из этих случаев есть только притяжение, и ничего более. И разница лишь в величине Силы Притяжения между объектами.*** И обусловлена величина этой Силы лишь качеством источников притяжения, иначе говоря, качеством вещества. Если бы ученые осознали, что лишь два основных типа взаимодействия: притяжение и отталкивание, и что все в этом мире базируется на разной величине этих полей, и на различном их соотношении, у нас сейчас в научной картине мира было бы всего два основных типа взаимодействия, а не четыре. Великое Объединение произошло бы уже давно.

Два взаимодействия с противоположным характером действия идеально описывают симметричную модель Вселенной, о которой так грезит современная наука.

Можно считать, что сейчас не 4 взаимодействия, а 5, поскольку в электромагнетизме существуют Силы Притяжения и Отталкивания. Магнитная составляющая электромагнетизма – это Сила Притяжения. А электрическая – это Сила

Отталкивания, так же, как и слабое взаимодействие.

В ядре химического элемента располагаются частицы с наибольшими Полями Притяжения. Отсюда и наибольшая по величине Сила Притяжения сильного взаимодействия. Когда ядро экранируют частицы с Полями Отталкивания, величина Поля Притяжения, проявляемого химическим элементом вовне, уменьшается и может даже превратиться в Силу Отталкивания. У химических элементов металлов наибольшие по величине среди всех элементов Поля Притяжения. Отсюда и явственное проявление притяжения со стороны металлов. Как только с поверхности металла тем или иным способом снимают накопившиеся там свободные фотоны, начинает проявляться вовне истинное по величине Поле Притяжения металла – очень мощное. Именно поэтому явления магнетизма столь показательно демонстрируют эффект притяжения по сравнению с тяготением со стороны вещества планеты, т.е. с тем, что в науке именуют Силой Гравитации, описанной И. Ньютоном.

Что касается гравитации, то любое вещество, кроме ряда газов, притягивает другие вещества. А мы как раз обитаем и наблюдаем гравитацию в воздушной среде.

И, кроме того, поверхности химических элементов накапливают свободные частицы (солнечные фотоны), которые экранируют их ядра и уменьшают их Поля Притяжения. И помимо всего этого – и это основной фактор – все тела прикованы к месту притяжением планеты. Поэтому, например, шкаф и стул, стоящие рядом, притягивают друг друга. Однако их удерживает на месте Сила

Притяжения планеты. Это первое. Второе – их разделяет воздушное пространство, где элементы воздуха своими Полями Отталкивания уменьшают (экранируют) гравитацию стула и стола по отношении друг к другу. Третье – суммарная величина Полей Притяжения дерева невелика, по сравнению, например, с теми же металлами. Именно по этим указанным причинам мы не наблюдаем притяжения тел вокруг нас. Однако многие разновидности тел – из пластмассы, стекла – если натирать их тканью, т.е. если снять с них свободные фотоны (электричество), начинают демонстрировать притяжение – мелкие тела, вроде бумажек и пушинок, начинают притягиваться к ним. Многие разновидности веществ притяжения не демонстрируют, даже если их тщательно натирать. Например, деревянные предметы. Это связано с небольшими по величине суммарными Полями Притяжения этих тел. Ряд металлов (например, железо), если их натирать, начинают притягивать мелкие металлические тела. К примеру, натертый гвоздь начинает притягивать железные опилки, булавки, иглы. Все эти случаи притяжения тел – это тоже гравитация, или проще, притяжение, а вовсе не какое-то иное явление. Ему было дано название – магнетизм. Но это все та же гравитация. Ученые не узнали Силу Тяготения в другой маске, и нарекли другим именем. Название другое, суть та же. И таких случаев «неузнавания» и «переоткрытия под другим наименованием» в науке множество. Взять хотя бы синонимичные друг другу «энергию», «импульс», «силу», «кинетическую энергию», «теплород», «флогистон» и другие.

В случае гравитационного взаимодействия для оценки Силы, с которой частицы (тела) притягиваются и притягивают, существует такая величина, как *масса*. Это неотъемлемое качество тел.

В случае электромагнетизма, для оценки силы взаимодействия частицам приписывают заряд. Это тоже неотъемлемое качество, но только в случае частиц. Это не наше мнение, так утверждает наука. Теорию гравитации разработали раньше. Теорию электромагнетизма позже. Максвелл и его последователи, конечно, понимали, что тела состоят из все тех же элементарных частиц. Поэтому, раз тела обладают массой, то в первую очередь, ею должны обладать сами частицы.

Когда ученые стали наблюдать эффект притяжения в явлениях электромагнетизма, превосходящее по силе обычное притяжение веществ и тел на планете, они «с горяча» приписали это притяжение совсем другому типу взаимодействия, отбросив уже имеющуюся гравитацию в сторону. И изобрели такое понятие, как «заряд».

Не обратила на себя их внимание даже полная схожесть формул гравитации и электромагнетизма – произведение масс или зарядов, деленное на квадрат расстояния.

Возможно, причиной такого «невнимания» к этому факту стало слишком сильное проявление сил отталкивания в явлениях электромагнетизма. Эти силы можно наблюдать и в обычной жизни. Газы атмосферы постоянно летают над поверхностью Земли. Нагретые тела отдаляются от земли. Но почему же эти факты никого не наводят на мысли об антигравитации — т.е. об отталкивании. Но ведь уменьшение массы тел в ходе их нагрева – это и есть не что иное, как проявление антигравитации. Ученым, которые ввели понятие «*заряд*» ничего не оставалось, как присовокупить эту новую качественную характеристику к уже имеющейся – к массе. Ведь не могли же они просто так взять и отменить открытый и сформулированный И. Ньютоном закон гравитации. А в итоге масса и заряд встали вместе, и оба понятия выражали некие неведомые особенности частиц. Ведь ученые до сих пор признают, что не знают, что такое масса и заряд. В дальнейшем у частиц появилась еще одна характеристика – *спин* – вращение. Хотим вас уведомить, никакого спина у частиц нет. У них нет постоянного вращения. Современная физика, наряду с проверенными фактами, содержит огромное количество неподтвержденных гипотез, которые порой лишь загромождают науку. Но в их существовании тоже есть смысл.

Итак, магнитное поле – это гравитационное. А электрический заряд элементарных частиц – это их качество – то же, что и масса (положительный заряд) или антимасса (отрицательный заряд).

Проверка того, как отклоняются те или иные частицы под действием магнитного поля – это проверка того, как действует на эти частицы Сила Притяжения со стороны проводника электрического тока – металла. Магнитное поле – это сильное гравитационное. Отклонение в магнитном поле заряженных частиц — это просто притяжение движущихся частиц Полем Притяжения проводника тока – т.е. областью, где оголяются (пусть и кратковременно) Поля притяжения химических элементов металлов, или просто накоплено недостаточно электричества (свободных фотонов). Гравитационным полем Земли притягиваются и удерживаются тела в разном агрегатном состоянии. А значит, с разной массой. И даже с антимассой – газы. Последние притягиваются слабее всего.

Так происходит и в магнитном поле (которое есть гравитационное). Притягиваются частицы любого качества – и положительно заряженные (с массой), и отрицательно (с антимассой). Первые лучше, вторые хуже. Отклоняются в электрическом поле тоже элементарные частицы любого качества. Электрическое поле – это Поле Отталкивания. Больше отклоняются частицы с отрицательным зарядом (с антимассой), так как они сами обладают Полем Отталкивания. Однако любой поток частиц содержит в себе частицы разного качества – как с массой (+), так и с антимассой (-).

Конечно, происходит распределение частиц в зависимости от их качества. В магнитном поле частицы с массой притягиваются сильнее, чем с антимассой. В электрическом поле происходит обратное – частицы с антимассой отталкиваются сильнее, чем с массой. Т.е. минус от минуса отталкивается больше, чем плюс от минуса.

Однако поток частиц ведет себя как единое целое, и реагирует на электрическое или магнитное поле тоже как единое целое. Поэтому, несмотря на то, что перераспределение частиц (отталкивание или притяжение одних больше, чем других) в зависимости от их качества происходит, однако частицы разного качества увлекают друг и друга. И следует говорить о поведении потока в целом, даже если в его состав входят частицы разного качества.

Как мы говорили в статье о дифракции и интерференции, свет (фотоны) реагирует на гравитационное притяжение.

Почему ученые не сопоставили фотоны с электричеством? Сила Притяжения, движущая электроны мала по сравнению с Силой Инерции, движущей фотоны (те же частицы, которые мы называем электронами). Магнитное поле вызывает в движущихся частицах Силу Притяжения. Если вы помните правило параллелограмма из классической механики, то согласно ему, для того, чтобы вектор равнодействующей силы (диагональ параллелограмма) заметно отклонился от первоначального направления Силы, двигающей тело, нужно, чтобы вторая Сила, отклоняющая тело, была велика. Либо, чтобы первая Сила была мала. Так как Сила Притяжения магнитного поля (в котором происходит отклонение частиц) – это величина неизменная, надо, чтобы Сила, двигающая частицы, была невелика. Это нужно для того, чтобы стало заметным отклонение в магнитном поле. Так оно и есть в случае с электронами. Сила Притяжения, двигающая их, мала. А вот у фотонов Сила Инерции велика. ***Поэтому отклонение фотонов в магнитном поле заметно. А отклонение фотонов — нет.***

А теперь обещанный обзор частиц — переносчиков 4-х взаимодействий. Сразу оговоримся – ***мы ни в коем случае не согласны с концепцией взаимодействия посредством обмена частицами (т.е. с концепцией близкодействия)***. Излагаем эту теорию лишь для того, чтобы вы имели непосредственное представление о том, что мы критикуем.

В современной научной картине мира доминирует мнение, что частицы взаимодействуют друг с другом, обмениваясь другими частицами, которые именуют переносчиками взаимодействия.

Смысл такого «обменного взаимодействия» сводится к изменению природы частиц при испускании и поглощении ими частиц – носителей взаимодействия.

«Каким образом физические объекты осуществляют фундаментальные взаимодействия между собой? На качественном уровне ответ на этот вопрос выглядит следующим образом. Фундаментальные взаимодействия переносятся квантами. При этом в квантовой области фундаментальным взаимодействиям отвечают соответствующие элементарные частицы, называемые элементарными частицами – переносчиками взаимодействий. В процессе взаимодействия физический объект испускает частицы – переносчики взаимодействия, который поглощается другим физическим объектом. Это ведет к тому, что объекты как бы чувствуют друг друга, их энергия, характер движения, состояние изменяются, т.е. они испытывают взаимное влияние» (И.Л. Бухбиндер, «Фундаментальные взаимодействия»).

В качестве переносчиков *электромагнитного взаимодействия* выдвигают **фотоны** – так называемые кванты (порции) электромагнитного поля. Испуская и поглощая их, электроны якобы изменяют свое качество. Но это мнение науки. На наш взгляд, фотон и электрон – это одна и та же частица, в разных природных процессах двигающаяся с разной скоростью. Любой химический элемент – это не что иное, как конгломерат частиц различного качества. И никакие электроны там «по орбитам не летают». Фотоны, испущенные источником света, и двигающиеся от него по инерции, достигая химического элемента, могут им поглотиться – остаться на его поверхности. «Химический элемент поглотил фотон» означает, что фотон остался в его составе. Вначале на поверхности, а потом он может изменять свое местоположение, и переместиться глубже, ближе к ядру. Все зависит от его качества – масса или антимасса и какой величины. Фотоны (и другие частицы, попадающие в состав элемента) ведут себя также, как тела на поверхности планеты. Падают, тонут, парят, погружаются, опускаются, меняются местами.

Если фотон притянулся химическим элементом, а не столкнулся, двигаясь по инерции, это уже не фотон, а электрон – т.е. медленный фотон. Это та же самая частица, но она не двигается по инерции.

Так что, на наш взгляд, электроны никак не могут поглощать и испускать фотоны, ибо они – это одно и то же. Если частица вылетает с большой скоростью из состава химического элемента (или влетает в его состав), то ее назовут фотоном. Если покинет медленно, под влиянием притяжения со стороны другого химического элемента (или так же войдет в его состав – притянувшись этим химическим элементом) – будет в сознании ученых электроном.

Теперь о слабом и сильном взаимодействии.

Частицы – переносчики *слабого взаимодействия* – три частицы: *W+, W- и Z^o бозоны*. Они были открыты лишь в 1983 году.

Вот отличная цитата из замечательной книги В. А. Гордиенко, посвященной взаимодействиям. Однако здесь мы сразу приведем информацию относительно элекрослабого взаимодействия – два ученых сделали попытку объединить электромагнитное и слабое.

«Согласно теории Вайнберга-Салама, существует не два взаимодействия (электромагнитное и слабое), а только одно – электрослабое, переносчиками которого являются 4 типа частиц – три векторных бозона W+, W-, Z и фотон γ. При испускании или поглощении первых двух типов квантов поля природа частицы тут же изменяется. Электрон может превратиться в нейтрино, нейтрино в электрон, нейтрон – в протон и т.д. именно так и происходит под действием слабых сил. Обмен квантами поля Z и γ не сопровождается переносом электрического заряда и, следовательно, не должен приводить к изменению природы частицы. В последнем случае взаимодействие между обладающей электрическим зарядом («заряженной») частицей и «незаряженной» осуществляется через обмен Z-частицей, а между двумя «заряженными» — через обмен γ-частицей (фотоном)» (В.А. Гордиенко, «Физические поля и безопасность жизнедеятельности». Физические поля и их природа).

Переносчики *сильного взаимодействия – глюоны (от англ. glue – клей)*. Это безмассовые частицы с целым спином – это информация из учебников по физике (не наша). Они переносят взаимодействие между кварками, из которых согласно представлениям физиков состоят адроны. *Адроны* – это тяжелые частицы. К ним относятся все *барионы* (в том числе и *нуклоны* – *протоны*, *нейтроны*) и *мезоны*, включая *резонансные частицы* (короткоживущие возбужденные состояния адронов). Глюоны в адронах способны порождать пары «кварк-антикварк», которые вне адронов воспринимаются как мезоны.

А теперь, после того, как мы привели историческую справку об электромагнитном, слабом и сильном взаимодействиях, изложим собственное видение сути этих процессов.

В книге 1 из серии «Эзотерическое Естествознание» уже было несколько статей, посвященных природе *электромагнетизма*. Здесь мы приведем ряд цитат из них, вполне раскрывающих суть данного взаимодействия.

Вот целиком статья *«Анализ опытов по электризации и намагничиванию тел»*.

«Давайте проанализируем опыты по электризации и намагничиванию тел.

Опыт по *электризации* известен еще со времен древнегреческих исследователей. Эбонитовую, янтарную или стеклянную палочку натирают мехом или ветошью. И она начинает притягивать мелкие неметаллические тела: пушинки, бумажки, ворсинки, мелкие деревянные опилки. Такой же эффект производит любая натертая пластмассовая палочка или просто пластмассовый предмет. Однако ни янтарь, ни стекло, ни пластмасса, как бы их ни терли, не станут после этого притягивать мелкие металлические предметы: железные стружки, иглы, булавки, кнопки и прочее. А вот натертый железный предмет станет. Данный опыт – натирание железного предмета тканью или мехом, после чего он начинает притягивать мелкие железные тела –

называется **намагничиванием**. Этот опыт также известен с древности.

Но, в то же время, натертое железное тело не станет притягивать мелкие неметаллические предметы, в отличие от янтаря, стекла или пластмассы. Чем же все это объяснить?

Вначале рассмотрим опыт по намагничиванию железного предмета. Элементы железа обладают значительными Полями Притяжения. Поэтому они накапливают на поверхности много свободных частиц. Это частицы верхних уровней Физического Плана солнечного происхождения. Среди них присутствуют как частицы с Полями Притяжения, так и частицы с Полями Отталкивания.

Как нам известно, в процессе трения твердых веществ друг о друга возрастает степень трансформации частиц в составе химических элементов на контактирующих поверхностях трущихся веществ – иначе говоря, данные элементы нагреваются.

Когда мы натираем мехом или ветошью железный предмет, степень трансформации свободных частиц на поверхности химических элементов железа возрастает. Возрастание Полей Отталкивания у частиц с такими Полями, а также появление Полей Отталкивания у частиц, бывших до этого нейтральными или с Полями Притяжения, приводит к уменьшению их стремления к центрам элементов железа. Однако Поля Притяжения элементов железа слишком велики, поэтому они испускают мало свободных частиц. Т.е. эти частицы в нагретом состоянии оказываются на поверхности внешних элементов железного тела. Они не могут покинуть железное тело самостоятельно. А все потому, что воздушная среда, в которую они погружены, очень хороший диэлектрик. И причина этого заключается в том, что железное тело окружено элементами воздуха. А кислород, находящийся в составе воздуха, как известно, обладает в свободном состоянии суммарным Полем Отталкивания, а в составе химических соединений с элементами с более выраженными металлическими свойствами – слабым Полем Притяжения. Но в любом состоянии на его периферии преобладают частицы с Полями Отталкивания. А если учесть, что Полями Отталкивания обладает значительное число частиц, накапливающихся в железном теле, становится понятно, почему воздух не проводит через себя свободные частицы. Частицы с Полями Отталкивания в составе элементов кислорода (на периферии элементов) не притягивают, а отталкивают свободные накопленные частицы.

Поэтому свободные фотоны в разогретом трением теле ждут, когда их притянут элементы с бо́льшими по величине Полями Притяжения какого-либо другого тела. Эти частицы переходят к более глубоким элементам данного железного тела – т. е. к тем, которые не были нагреты трением и которые, соответственно, обладают большими Полями Притяжения. Помимо этого, эти свободные частицы приобретают большую подвижность по сравнению с другими накопленными частицами и поэтому свободнее перемещаются по железному телу, по промежуткам между элементами. Если говорить языком физики, то в данном теле появляется *электрический заряд*, свободно движущиеся электроны. А само тело становится *наэлектризованным*.

Помимо устремления к глубоким, более холодным элементам в составе тела, на эти подвижные частицы действует Центростремительное Поле Притяжения планеты. Поэтому эти подвижные частицы устремляются в нижнюю часть железного предмета и скапливаются там. А ведь, заметьте, что именно нижней частью натертого железного предмета мы стараемся притянуть лежащие на столе (или полу) мелкие железные или неметаллические предметы. Однако эти подвижные свободные накопленные частицы не могут покинуть натертое железное тело и переместиться в элементы стола или тех же мелких тел на его поверхности – т.е. не могут двигаться в направлении действия в них Центростремительной Силы Притяжения. И все потому, что кислород, как говорилось, хороший диэлектрик (непроводник тока).

У элементов железа, как уже говорилось, большие по величине Поля Притяжения.

Однако для того чтобы эти Поля Притяжения проявлялись, необходимо, чтобы были убраны с них накопленные частицы с Полями Отталкивания, которые являются одним из источников Эфира для этих элементов. Единственная возможность для частиц с Полями Отталкивания стечь с этого тела – это проконтактировать с другим телом, элементы которого обладают Полями Притяжения.

Так вот, главная причина, по которой натертые железные тела не притягивают мелкие неметаллические тела, состоит в том, что суммарное Поле Притяжения неметаллических тел недостаточно велико, для того чтобы отобрать у элементов железа достаточно много накопленных свободных частиц и в значительной мере лишить железное тело данного источника Эфира. А только лишение источника Эфира, как уже понятно, увеличивает суммарное Поле Притяжения железного тела.

Мелкие металлические тела на поверхности (на столе, на полу) как раз обладают значительными суммарными Полями Притяжения, а неметаллические – гораздо меньшими. Поэтому при соприкосновении натертого железного тела с мелкими железными телами они отнимают у него много накопленных частиц, а неметаллические – мало. Поэтому, даже несмотря на то что в мелких железных телах больше стремление к центру небесного тела (и, как следствие, больше Центростремительная Сила Притяжения) по сравнению с мелкими неметаллическими телами, что лучше удерживает их на поверхности небесного тела, они притягиваются соприкоснувшимся с ними натертым железным телом.

А теперь что касается того, почему натертое неметаллическое тело притягивает мелкие неметаллические тела, но не притягивает мелкие металлические тела.

В составе неметаллических тел, раз они твердые (а не жидкие или газообразные), обязательно должен быть большой процент элементов с Полями Притяжения, однако, как правило, величина этих Полей небольшая по сравнению с элементами того же железа.

Давайте проанализируем хорошо известный опыт по электризации. Мы берем стержень из неметалла, например, стеклянный или пластмассовый. Натираем его шерстяной тканью. Процесс трения приводит к трансформации (нагреванию) частиц в составе поверхностных слоев элементов верхних слоев натираемого тела. Фотоны приводятся в состояние инерционного движения и начинают циркулировать по поверхности стержня и в его толще.

Как только натертый стержень лишается своего заряда, не приобретая нового взамен, т.е. когда с него стекают свободные частицы, приведенные в движение, и поверхности химических элементов оголяются, происходит проявление Силовых Полей элементов в их изначальном виде. Т.е. зоны с Полями Притяжения, закрытые до этого свободными частицами, снова будут проявлять эти Поля в их изначальной величине. Циркуляция в стержне фотонов приводит к периодическому оголению зон элементов, обладающих Полями Притяжения. Т.е. масса стержня в результате трения возрастает, а точнее, просто возвращается к исходному значению. Возрастание массы проявляется в виде увеличения способности притягивать и притягиваться. И наблюдать возрастание Поля Притяжения стержня можно по возникновению у него способности притягивать мелкие неметаллические тела: ниточки, пушинки, бумажки. Притягиваются тела из неметаллов. Железные мелкие тела: булавки, иголки, кнопки – не притягиваются.

Но почему? Ведь элементы железа характеризуются значительными Полями Притяжения.

Объяснение следующее.

Начать следует с того, что состав различных железных предметов различен. В составе любого железного тела есть элементы с разной массой. Из-за этого в таком теле постоянно существует ток частиц (электричества). В телах из других металлов такого нет. Именно ток частиц в железном теле ведет к периодическому оголению зон с Полями

Притяжения, что и обуславливает способность притягиваться. Это первое.

А второе – для железных мелких тел Сила Притяжения со стороны планеты (в лице поверхности, на которой они лежат) оказывается больше, нежели Сила Притяжения со стороны неметаллического стержня. По сравнению с элементами железа Поля Притяжения элементов неметаллического стержня недостаточно велики для того, чтобы соперничать с Полем Притяжения планеты. Металлические тела за счет того, что элементы-металлы всегда с большей Силой Притяжения притягиваются к поверхности, на которой лежат, не могут притянуться неметаллическим стержнем, Поле Притяжения которого для них слишком слабое.
К тому же часть заряда с неметаллического стержня при сближении с железными мелкими

телами перетекает на них, уменьшая, таким образом, их Поля Притяжения. Причем именно на той стороне, что обращена к стержню. Это тем более препятствует притяжению мелких тел к стержню.

А вот Сила Притяжения элементов мелких неметаллических тел: ворсинок, пушинок, бумажек – к поверхности, на которой они лежат, невелика. И поэтому они легко отрываются от этой поверхности под действием Силы Притяжения» («Эзотерическое Естествознание», книга 1, Анализ опытов по электризации и намагничиванию тел).

И еще одна статья – *«Механизм притяжения и отталкивания природных магнитов»*.

«В природных магнитах, состоящих из оксидов железа, присутствуют химические элементы железа разного качества. Железо одного типа чуть более тяжелое. В составе магнитов соединения железа разного типа распределены по-разному. Но именно положение в составе поверхностных слоев магнита элементов железа того или иного типа объясняет физические свойства магнита.

Более тяжелые элементы железа стягивают в своем направлении с элементов более легкого железа накопленные солнечные элементарные частицы. Это оголяет Поля Притяжения легкого железа. И поэтому, там, где на поверхности магнита располагаются элементы легкого железа, магнит будет проявлять вовне мощное Поле Притяжения, т.е. притягивать. Это так называемый положительный полюс.

В то же время элементы более тяжелого железа, получив свободные частицы, которые отняли у легкого железа, получают тем самым избыток Эфира, так как среди солнечных частиц преобладают частицы с Полями Отталкивания. Эти частицы экранируют естественно присущие Поля Притяжения элементов этого тяжелого железа и таким образом не дают ему проявляться вовне. Вместо этого в тех местах поверхности магнита, где располагаются элементы этого тяжелого железа, вовне проявляется Поле Отталкивания этих свободных частиц. Это отрицательный полюс. Именно поэтому если встречаются в пространстве поверхности магнитов с преобладанием там и там тяжелого железа, они отталкиваются.

Но почему тогда эти же отталкивающиеся друг от друга поверхности притягивают многие другие магниты, а также обычные железные тела? Да потому что при сближении поверхности, содержащей тяжелое железо, с поверхностью магнита, состоящей из легкого железа, происходит стекание накопленных свободных частиц к элементам этого легкого железа. Но эти частицы не задерживаются на этих элементах и текут дальше к тяжелому железу, которое также входит в состав второго магнита, но располагается где-то дальше. В итоге освобождение от этих частиц позволяет проявиться Полю Притяжения тяжелого железа первого магнита и притянуться к поверхности второго.

Здесь же следует объяснить, почему железо в Fe_2O_3 более легкое, чем в FeO.

Вы видите, что в Fe_2O_3 на каждые два элемента железа приходятся три элемента кислорода, т.е. по 1,5 на один. А в FeO на каждый элемент железа приходится один элемент кислорода.

В момент образования связи железо-кислород железо снимает с кислорода свободные частицы, позволяя, таким образом, проявиться вовне Полю Притяжения кислорода и образовать гравитационную связь с железом. Снятые частицы расходятся по поверхности элемента железа, экранируя (уменьшая) его Поле Притяжения. А это означает, что при образовании связи железо-кислород в молекуле Fe2O3 железо получило больше свободных частиц. И поэтому его Поле Притяжения уменьшилось в большей степени, нежели у железа в молекуле FeO» («Эзотерическое Естествознание», книга 1, Механизм притяжения и отталкивания природных манитов).

Теперь перейдем к сильному взаимодействию.

«В обычном стабильном веществе при не слишком высокой температуре *сильное взаимодействие* не вызывает никаких процессов и его роль сводится к созданию прочных связей между нуклонами в ядрах. Однако при столкновениях адронов, обладающих достаточно высокой энергией, сильное взаимодействие приводит к многочисленным ядерным реакциям. Особенно важную роль в природе играют реакции слияния легких ядер (термоядерный синтез), в результате которого, в частности, 2 ядра дейтерия (тяжелого водорода) превращаются в ядро атома гелия.

В зависимости от ситуации сильное взаимодействие проявляется как обычное притяжение, не позволяющее разваливаться ядру, или как слабая сила, вызывая распад некоторых нестабильных частиц. Вследствие своей большой величины сильное взаимодействие является источником огромной энергии. По-моему, наиболее важный пример энергии, высвобождаемой сильным взаимодействием, это свечение Солнца. В недрах солнца и звезд непрерывно протекают термоядерные реакции, вызываемые сильным взаимодействием. Именно в результате этого взаимодействия высвобождается энергия водородной бомбы» (В.А. Гордиенко, «Физические поля и безопасность жизнедеятельности»).

В. А. Гордиенко, описывая сильное взаимодействие, высказывает замечательную, гениальную фразу – «…сильное взаимодействие проявляется как обычное притяжение, не позволяющее разваливаться ядру». Сильное взаимодействие – это, действительно, обычное притяжение – гравитация, описанная И. Ньютоном. Вот в этом и состоит гениальность этой фразы. Причина, по которой велика Сила притяжения между нуклонами в ядре, проста. Разновидностей элементарных частиц огромное множество. Существуют частицы с массой и антимассой – т.е. с «+» зарядом и «-». Поглощающие эфир и испускающие. Это истинно неделимые частицы. В свою очередь эти неделимые частицы объединяются в конгломераты – нестабильные частицы. Нуклоны в ядре любого химического элемента – протоны, нейтроны – это как раз такие вот конгломераты. Они состоят из истинно элементарных частиц – неделимых. Разновидностей нуклонов огромное множество. Их воистину «не счесть». Объясняется это тем, что качественно-количественный состав таких конгломератов может быть любым. Самое разное количество частиц любого качества может объединяться друг с другом. Небольшое изменение в составе – вот вам и другой тип нуклона. Именно поэтому ученые в своих исследованиях обнаруживают все новые и новые разновидности элементарных частиц. От качественно-количественного состава этих конгломератов зависит их «масса». Чем больше в их составе частиц с Полями Притяжения и больше величина этих Полей, и меньше частиц с Полями Отталкивания, и меньше их величина, тем больше масса такого нуклона.

По аналогии с небесными телами, к центру химических элементов масса частиц растет. Так же как в небесных телах увеличивается масса химических элементов. Ведь и небесное тело, и химический элемент – это не более, чем конгломерат частиц. Один – гигантский, другой – маленький. И под действием Силы Притяжения, направленной к центру сферы конгломерата (можно назвать эту Силу центростремительной) частицы или химические элементы устремляются к центру. Так и в составе Земли. Тяжелые элементы добывают в недрах планеты. А легкие рассеяны на поверхности. Причем самые легкие в газообразном состоянии парят над землей.

Это элементарно. И любой человек внутренне, наверняка, осознает или догадывается об этом.

Собственно, из нуклонов и состоит любой химический элемент. Нуклоны – это нестабильные частицы самого разного типа (качества). Непосредственно тело химического элемента – это и есть его ядро. А вокруг ядра «атмосфера» из накопленных свободных частиц – фотонов-электронов (солнечного и иного космического происхождения). Эти свободные частицы перемещаются по поверхности элемента и по щелям между нуклонами – входят в их состав и выходят. В теле химического элемента происходит, своего рода, бурление, постоянное перемешивание свободных частиц (истинно неделимых) и нуклонов. Нуклоном мы называем здесь любой конгломерат частиц (в науке они называются нестабильными частицами). Создатели планетарной модели атома утверждают, что «вокруг ядра в химическом элементе летают электроны». В чем-то они правы. А именно в том, что свободные частицы (электроны-фотоны) создают атмосферу вокруг ядра. Конечно, число этих частиц (электронов) не ограничено тем их числом, что указывается в таблице химических элементов Д. И. Менделеева. У любого химического элемента не может быть 1, 2, 3, 4 и т.д. электрона. Силовое Поле притяжения действует вокруг всей сферы ядра. Соответственно, электроны накапливаются вокруг всего ядра, на всей его поверхности, плюс – в щелях между нуклонами. Их никак не может быть 1, 2, 3 и т.д. Даже 100 электронов на поверхности – это чрезвычайно малое число. Рискнем предположить, что их там может быть миллионы. Конечно, все зависит от типа химического элемента. Больше всего у металлов.

Вообще, на наш взгляд, идея сопоставления числа электронов, нейтронов и протонов с порядковым номером совершенно абсурдна. Даже поразительно, что ученые смогли выпустить в жизнь такую концепцию. Эта теория очень шаткая, и не только потому, что притяжение действует вокруг всего ядра. Еще и потому, что добавится какой-нибудь химический элемент «вверху таблицы Менделеева», например, между водородом и гелием. Или даже выше их. И тогда все. Вся теория рухнет. Ведь невозможно присвоить химическим элементам минусовые порядковые номера.

Однако мы порядочно отвлеклись от темы сильного взаимодействия. Но это было необходимо для понимания природы связи между нуклонами. Их удерживает обыкновенная гравитация. Просто из-за малости расстояний в ядре химического элемента, а также из-за того, что там сосредоточены самые тяжелые частицы, величина притяжения сильного взаимодействия большая.

Еще следует добавить интересный момент, касающийся объяснения природы сильного взаимодействия, и вообще строения протонов и нейтронов, а также других типов нестабильных частиц.

«В 60-е годы прошлого столетия была предложена кварковая модель строения адронов. «В этой модели нейтроны, протоны и другие адроны рассматриваются не как элементарные частицы, а как составные системы, построенные из трех кварков» (В. А. Гордиенко, «Физические поля и безопасность жизнедеятельности»).

«*Кварки* – гипотетические материальные объекты, из которых, по современным представлениям, состоят все адроны. Гипотеза о кварках была высказана в 1964 году М. Геллманом и Т. Цвейгом (США) для объяснения закономерностей в спектроскопии и свойствах адронов» (Физический Энциклопедический Словарь, «Кварки»).

«Согласно кварковой гипотезе, барионы состоят из трех кварков (антибарионы из трех антикварков), протоны – из кварка и антикварка» Физический Энциклопедический Словарь, «Кварки»).

В 60-х годах ввели 3 кварка – u, d и s. Они имели, согласно представлениям ученых, спин, барионный заряд и электрический заряд. В дальнейшем ввели еще 2 типа кварка (очарованный и красивый) и предположили – нужно ввести еще.

В чем-то можно считать пророческой гипотезу о том, что адроны – т.е. конгломераты, состоящие из истинно неделимых частиц – образованы тремя типами кварков. *Ведь согласно нашей концепции все во Вселенной построено из элементарных частиц трех основных цветов – синего, желтого и красного.*

Если счесть синонимами понятия «кварк» и «истинно элементарная частица, то все встанет на свои места. Конечно, не стоит при этом изобретать другие цвета (типы) кварков (частиц).

Теперь о том, что касается процессов ***термоядерного синтеза***, протекающих в звездах, благодаря которым образуются новые химические элементы.

Считаем, что, в целом, эта теория верна. В недрах звезд вещество раскалено – так проявляет себя трансформация внешнего качества частиц. Из-за этого вещество кипит, бурлит и постоянно перемешивается, так как нагретое стремится наружу, а остывшее – к центру. Химические элементы и отдельные нуклоны постоянно двигаются. Соударяясь, они теряют с поверхности легкие частицы, которые становятся свободными – они покидают небесное тело в виде излучения. В то же время, когда ядра или нуклоны освобождаются от этих легких частиц, их Поля Притяжения приобретают их истинное значение – т.е. становятся прежними. Большими. Это и есть проявление сильного взаимодействия. Т.е. проявление больших по величине Сил Притяжения. Эти Силы были восприняты как новый тип взаимодействия. А на деле все гораздо проще.

Поля Притяжения нуклонов после их соударения проявляются во всей своей силе. Это и есть сильное взаимодействие. И при этом действительно становится возможным образование новых типов химических элементов – состоящих из большего числа нуклонов – т.е. большей массы. А легкие частицы теряются – улетучиваются в прямом смысле этого слова. Вот и вся природа сильных взаимодействий.

А теперь поговорим о *слабом взаимодействии*.

В случае сильного взаимодействия мы вели речь о термоядерном синтезе. А в случае слабого – говорим о радиоактивном распаде.

Собственно, ***термоядерный синтез и радиоактивный распад – это две стороны одного явления***. И хотя термоядерный синтез – это понятие, применяемое по отношению к процессам, протекающим в недрах небесных тел – звезд, например. А радиоактивный распад – в отношении процессов, имеющих место в химических элементах. Однако Вселенная едина. И всюду действует Закон Аналогии. Как внизу, так и наверху. Что происходит в небесных телах, то же творится и в химических элементах. И то, и другое – это конгломераты элементарных частиц, просто разного масштаба. И в химических элементах, и небесных телах происходит перемешивание вещества, вызванное его нагревом — т.е.

трансформацией. Происходит трансформация гравитацией (Полями Притяжения) и антигравитацией (Полями Отталкивания). Трансформация – это нагрев, повышение температуры.

Нагреваясь, нуклоны или химические элементы, получают избыточный эфир. Из-за этого они отдаляются от центра конгломерата (небесного тела, химического элемента), а также движутся внутри и соударяются друг с другом. В ходе соударений они теряют самые легкие частицы. Эти теряемые частицы – это излучение – небесного тела или химического элемента. Неважно. Одно и то же. Это и есть радиоактивный распад. *Излучение звезды – это ее радиоактивный распад. Радиоактивный распад химического элемента — это его излучение.* А термоядерный синтез — это следствие притяжения и слияния друг с другом движущихся в недрах химического элемента нуклонов, или притяжения и слияния химических элементов недрах небесного тела. Как видите – все едино. Термоядерный синтез протекает и в химических элементах.

«Слабое взаимодействие, одно из четырех известных фундаментальных взаимодействий между элементарными частицами. Слабое взаимодействие слабее не только сильного, но и электромагнитного взаимодействия, но гораздо сильнее гравитационного» (Физический Энциклопедический Словарь. «Слабое взаимодействие»).

«…несмотря на малую величину и короткодействие, слабое взаимодействие играет очень важную роль в природе. Так, если бы удалось «выключить» слабое взаимодействие, то погасло бы Солнце, так как был бы невозможен процесс превращения протона в нейтрон, позитрон и нейтрино, в результате которого четыре протона превращаются в He (гелий). Этот процесс служит источником энергии Солнца и большинства звезд» (Физический Энциклопедический Словарь, «Слабое взаимодействие»).

«Именно с наличием слабого взаимодействия обычно связывают радиоактивный распад и взаимные превращения элементарных частиц, в частности, то, что нейтрон в свободном состоянии существует не более 15 минут, превращаясь, с испусканием антинейтрино, в более легкие протон и электрон» (В. А. Гордиенко. «Физические поля и безопасность жизнедеятельности»).

Ох, уж эта идея «слабости» слабого взаимодействия.

Конечно, надеемся, теперь вы понимаете, что в науке сейчас безраздельно царствует концепция близкодействия. Ученым обязательно нужно, чтобы частицы чем-то обменивались, а именно, какими-то частицами. И в этом они и видят смысл взаимодействия – т.е. взаимного действия. Если обмена частицами нет, нет и взаимного влияния - т.е. нет взаимодействия.

Но на самом деле, все не так.

Передатчиком взаимодействия служат не частицы, а эфир (энергия) – та незримая среда, флюид, дух, непознаваемое Нечто, заполняющее Пространство (еще одно непознаваемое Нечто).

На наш взгляд, слабое взаимодействие – это просто процесс присоединения и отсоединения истинно элементарных частиц (неделимых) – они присоединяются к конгломератам частиц (нуклонам), из которых состоят химические элементы, и отделяются от них. А в итоге изменяется качественно-количественный состав этих нуклонов. Изменяются их характеристики. Масса (+ заряд) может возрастать, или уменьшаться, превращаясь в антимассу (– заряд).

Вообще, можно считать, что любой процесс соединения и разъединения частиц – это и есть то, что описано в науке, как слабое взаимодействие.

«Протон присоединяет электрон и превращается в нейтрон». На самом деле, протон присоединяет не один электрон, а их множество. Множество разновидностей фотонов. Фотоны – это легкие частицы. Частицы верхних уровней Физического Плана. Они присоединяются, когда они в свободном состоянии. Радио, инфракрасные фотоны, видимого диапазона, порой УФ, рентгеновские и гамма. Эти фотоны-электроны окружают протон и делают его нейтральным – нейтроном. Т.е. уменьшают Поле Притяжения нуклона – иначе, его массу – положительный заряд. Легкие фотоны (у них преобладают частицы с Полями Отталкивания) экранируют нуклон, и уменьшают его Поле Притяжения. Но Поле Отталкивания у нейтральной частицы не появляется. Всего лишь уменьшается Поле Притяжения до состояния, близкого к нулевому. Именно поэтому такая частица начинает одновременно слабо притягиваться в магнитном поле и плохо отталкиваться в электрическом. Вот что такое нейтральность. И не более. И таков нейтрон. И любые другие типы нейтральных частиц. Они содержат в себе достаточный процент частиц обоих типов – Инь и Ян.

А когда нейтрон теряет электрон – т.е. с его поверхности и из его щелей уходят свободные фотоны – он снова начинает проявлять вовне прежнее, значительное Поле Притяжения – его масса возрастает.

В науке считается, что масса нейтрона больше массы протона. На самом деле, в составе нейтрона всего лишь больше общее число элементарных частиц (за счет присоединения свободных фотонов). Но масса, как проявляющееся вовне Поле Притяжения, у нейтрона меньше. Нейтрон легче протона. Именно поэтому он плохо притягивается в магнитном поле (которое есть гравитационное).

То же самое с любой другой нейтральной частицей. Присоединяет она легкие нейтральные частицы (фотоны) – и ее масса (Поле Притяжения) становится меньше – т.е. заряд из положительного превращается в нейтральный.

Если частица теряет (испускает) эти свободные частицы – ее масса растет. Точнее, возвращается к прежнему значению – заряд приобретает положительный знак. Это и есть превращение одних типов частиц в другие. Но никак не фундаментальное взаимодействие.

Однако ученые порой именуют нейтральными вовсе не нейтральные частицы, а с Полем Отталкивания. Так, к примеру, нейтрино, которые еле обнаружили (высказали гипотезу в 30-х годах 20 века, а зарегистрировали в 50-х), это, скорее всего, одна из разновидностей частиц Ян (с Полями Отталкивания). К примеру, частица уровней ниже гамма-фотонов. Проникающая способность такой частицы велика, потому что она слабо притягивается веществом. И поэтому, как любая частица Ян, способна очень долго двигаться по инерции по щелям между химическими элементами. Что она и делает. Но на это способна любая частица Ян (с Полем Отталкивания).

Когда к протону присоединяются фотоны-электроны, и он превращается в нейтрон, связи в ядре действительно ослабляются. Ведь любая связь между частицами осуществляется за счет действия Сил Притяжения. А фотоны – это легкие частицы, среди которых много обладающих Полем Отталкивания. *Именно они испускаемым эфиром и ослабляют связи. Вот вам и слабость взаимодействия.* Всякий раз, когда свободные фотоны начинают насыщать ядро химического элемента, начинается его распад – «вознесение Материи на Небо».
Тяжелые химические элементы постоянно притягивают внутрь себя свободные фотоны. Именно поэтому не прекращается их радиоактивный распад, где бы на Земле

они не находились. Поместим их в абсолютно замкнутую полость из сверхпрочного вещества – но и ведь и само это вещество накапливает на себе фотоны. А значит, радиоактивные элементы могут беспрепятственно их снимать (притягивать) и продолжать свой распад. А вот легким химическим элементам такой «трюк» не удается – их масса (Поле Притяжения) слишком мала, чтобы удержать или притянуть вглубь себя большой процент частиц Ян. Потому они и не радиоактивны. Люди опасаются радиоактивности. Но в действительности, в масштабах Космоса, это самый, что ни есть, естественный процесс.

А теперь поясним, *почему нейтрон не живет в свободном состоянии свыше 15 минут*, после чего он распадается на протон и электрон. Свободное состояние – это жизнь вне химического элемента. Электрон, который, якобы, присоединен к протону, и вместе они дают нейтрон – это свободные фотоны (электроны), окружающие протон. Когда нейтрон в составе химического элемента, фотоны в его в его составе удерживаются не только его Силами Притяжения, но и притяжением со стороны всех нуклонов химического элемента. А когда нейтрон выходит из его состава, соответственно, притяжение ядра больше не действует. А Поле Притяжения протона недостаточно велико, чтобы удержать оболочку из фотонов. Вот и происходит распад нейтрона.

Теперь об образовании гелия.

Ну, уж, конечно, ядро химического элемента гелия не образуется из 4-х протонов, превратившихся в нейтроны. Точнее, в протоны то они превращаются (какая-то часть из них), но их не 4, а больше. Гораздо больше.

Как вообще образуется элемент гелий?

Он может возникнуть двумя путями.

Либо в ходе термоядерного синтеза, либо путем радиоактивного распада. Термоядерный синтез – это объединения друг с другом химических элементов или нуклонов, движущихся в небесном теле с высокой скоростью, вследствие их больших температур. При этом происходит излучение нуклонами энергии – они теряют легкие фотоны. Таким способом может образоваться и гелий. При этом, характерная черта гелия – как и любого благородного газа – он пропитан легкими частицами с Полями Отталкивания. Во всем его теле их много – и в центральной части, и на периферии. Именно поэтому эти газы обычно не вступают в химические соединения с другими элементами. Ведь любая химическая связь – это гравитационная связь. А элемент благородного газа проявляет вовне Поле Отталкивания. И он не притягивает другие элементы и плохо притягивается ими. Однако ядро гелия имеет в своем составе достаточно частиц с Полями Притяжения для создания необходимых по величине Сил Притяжения, для того, чтобы химический элемент не распадался.

Естественно, в составе гелия есть не только нейтроны, но и другие частицы, более тяжелые. Однако нейтронов в гелии действительно много. Именно нейтроны делают элементы благородных газов более разреженными, более эфирными, нежели все остальные элементы. Гелий можно образовать в ходе обычного термоядерного синтеза. Но этот элемент должен быть окружен свободными частицами, чтобы они пропитали его тело и создали атмосферу вокруг ядра. Это означает, что другие благородные газы могут возникать только в недрах тех звезд, где много частиц Ян – самых легких. Если таких частиц мало, возникают элементы – металлы – с уменьшенным процентом частиц с Полями Отталкивания. Например, водород. В его составе тоже мало частиц, как и у гелия, но гораздо меньше частиц с Полями Отталкивания. Поэтому водород – это самый легкий из известных металлов. Или же гелий может возникнуть в ходе радиоактивного распада. Гелий и частицы вылетают из состава химического элемента. Тяжелые элементы теряют частички себя. И в первую очередь покидают их самые легкие – те, что содержат больше всего частиц с Полями Отталкивания. Точно также, когда образуются планеты. Прежде всего, из вещества звезд возникают те, что больше всего насыщены частицами с Полями Отталкивания. В начале жизни небесного тела в нем возникает больше всего сверхлегких элементов, таких, как благородные газы. Когда в небесном теле еще много частиц Ян. Затем небесное тело теряет энергию – излучает частицы. И радиоактивных элементов становится все меньше. А значит – мало образуется гелия и других типов инертных газов. Однако стечением времени, небесное тело накапливает все больше частиц, испускаемых небесным телом, его прародителем. И число радиоактивных элементов снова растет. Хотя не так много, как в эпоху молодости небесного тела. Науке известен факт – если обычные, нерадиоактивные элементы (кроме тех, что находятся в верхних периодах) облучать нейтронами, то они становятся радиоактивными.

Все верно. Нейтроны – это протоны, окруженные оболочкой из свободных фотонов. Нейтроны хорошо притягиваются ядром химического элемента и они удерживаются там. Они несут много свободных фотонов. Приобретая новые нуклоны, химический элемент тяжелеет. Чем тяжелее, тем больше степень трансформации – т.е. тем больше нагрев. Но для протекания процесса радиоактивности необходима не только высокая температура. Еще нужен большой процент частиц Ян – испускающих эфир. Эти частицы, окружая нуклоны, уменьшают проявление ими вовне Полей Притяжения. Нейтроны как раз и доставляют в ядро химического элемента частицы Ян.
Т.е. можно приводить химические элементы в состояние радиоактивности искусственно – напитывая их тело свободными фотонами. В

недрах небесных тел химические элементы накапливают эти самые фотоны, испускаемые телом прародителем. Больше всего и быстрее накапливаются тяжелые элементы. В глубине небесного тела концентрация свободных фотонов наибольшая. Поэтому процессы радиоактивного распада там протекают с самого начала жизни этого небесного тела и после первоначального пика, а потом спада, снова постепенно нарастают. Что касается периферических слоев небесного тела, например, нашей планеты, то там радиоактивность обычных элементов тоже растет, но медленнее, так как на периферии накапливается меньше частиц (свободных фотонов). Но все равно растет. Так что, *на нашей планете, включая ее поверхность, с течением времени число радиоактивно распадающихся элементов будет увеличиваться.*

Вот, собственно, и все, что мы хотели и могли рассказать вам о природе четырех фундаментальных взаимодействий, идея существования которых бытует ныне в научных кругах. Мы достаточно подробно обсудили каждое из них. Попытавшись взглянуть на них с нашей точки зрения, мы старались убедить вас, что эти 4 взаимодействия на самом деле очень легко свести всего к двум – к притяжению и отталкиванию.

СЕКРЕТ ПИРАМИД – ПРИЧИНА ИХ ЭНЕРГЕТИЗИРУЮЩЕГО ЭФФЕКТА

В среде современных исследователей различных явлений природы, уже довольно давно идут разговоры о том, что конструкции пирамидальной формы обладают особой энергетикой. В них самозатачиваются лезвия бритв, дольше не скисает молоко. Пребывание в пирамиде тонизирует - регулярно и длительно находясь внутри пирамиды, человек улучшает состояние здоровья, общую энергетику своего организма. Вспомним пирамиды египтян. Наверное, совсем не случайно они помещали своих умерших фараонов внутрь пирамидальных строений, которые известны миру как пирамиды Хеопса. И мумифицированные тела сохранились, а не сгнили. А ведь прошли тысячелетия. И дело тут не только в особом способе бальзамирования. Несомненно, пирамидальная форма как-то по-особому влияет на помещаемые внутрь ее тела. Но как влияет? В чем суть этого воздействия?

Те ученые, чье научное мировоззрение сформировалось на основе физики Эйнштейна, утверждают, что в пирамидах искривляется пространственно-временной континуум - сжимается или расширяется - разные ученые говорят по-разному. Релятивистская механика дает богатую почву для псевдонаучных фантазий. Хорошо, не станем здесь подвергать детальному критическому разбору эту ветвь физики - для этого отведены отдельные статьи. Но вернемся к теме вопроса.

Пирамиды обладают огромным энергетическим потенциалом. С помощью локаторов над пирамидой можно увидеть мощный ионный столб (над комплексом пирамид в Гизе запрещены пролеты летательных аппаратов из-за того, что над пирамидами часты отказы навигационных приборов и двигателей), а вокруг пирамиды образуется ионное поле. Они способны собирать, изменять, увеличивать и проводить другие действия с энергией. Существенно меняют свои физические и химические свойства многие вещества: полупроводники, углеродные вещества и др. Их свойства изменяются по синусоидальному закону во времени с достаточно большой амплитудой. Происходит спонтанная зарядка конденсаторов, изменяется температурный порог сверхпроводимости, изменяется масштаб физического времени. Под воздействием поля пирамиды в несколько раз изменяют вес физического тела. Также в зоне пирамид снижается эффективность любых воздействий психотропного характера и уровень радиоактивности и токсичности веществ. В местах добычи и переработки нефти снижается ее вязкость. Как следствие, увеличивается дебит скважин, структура нефти смещается в сторону легких фракций. Углеродные цепочки со свободными радикалами стремятся к оптимальным состояниям и образуют кольцевые структуры, ароматические кольца. Пирамиды восстанавливают озоновый слой, а также обладают другими свойствами.

Здесь как раз тот случай, когда форма играет решающую роль. Хотя, как вы узнаете в дальнейшем, качество материала, из которого изготовлена пирамида, тоже имеет большое значение. Но об этом чуть позднее.

А сейчас давайте приступим к объяснению непосредственно самого наблюдаемого явления.

Для того, чтобы понять смысл "пирамиды" нам следует обратиться к теме закона притяжения. А также к астрономии и к электромагнетизму.

Давайте по порядку.

Во-первых, нам постоянно следует помнить о том, что солнечные фотоны - это вполне реальные элементарные частицы. Поступая на Землю, они вовсе не исчезают в небытии. Они продолжают свое существование, как и прежде. Мало того - они не накапливаются в том веществе, в которое попали, после того как "прилетели" с Солнца. Они движутся вниз, к центру планеты. Почему? Да потому что вещество планеты обладает суммарным Полем Притяжения. А на фотоны действует гравитация. Они притягиваются и притягивают.

В итоге, они постоянно стекают вниз, двигаясь от тела к телу. Причем проводники их притягивают, естественно, сильнее. Причем тут проводники, спросите вы. Ведь это относится не к гравитации, а к электромагнетизму. На что мы ответим, что это одно и то же. И мы подробно рассказываем об этом в статьях по электромагнетизму. Опыты по электричеству можно трактовать и по-другому.

Итак, фотоны движутся. Из верхних слоев атмосферы - в нижние, из нижних - в плотную часть планеты. Воздух - плохой проводник, поэтому движение частиц сквозь него затруднено. А вот когда идет дождь, фотонов проходит много. Ведь вода - хороший проводник. Молнии - это как раз спуск накопившихся фотонов.

А еще есть такое природное явление, как Огни Святого Эльма. Ну а оно тут причем, спросите вы. А притом, ответим мы. Огни Святого Эльма (или коронный разряд, по-другому) - возникает на верхушках узких тел – на шпилях, мачтах, на кончике иглы. Но обязательное условие – это напряженное электромагнитное поле вокруг. А электроны, кстати, это медленные фотоны. Когда фотонов много, а проводник тонкий, они выстраиваются очередь. Отсюда и свечение.

А теперь перейдем непосредственно к "пирамидальному эффекту".

Пирамида – это как раз разновидность такого узкого тела-проводника фотонов-электронов. Как и конус.

Уникальность пирамиды в том, что ее вершина - область сбора из воздуха частиц - представляет собой точечную область. То есть на высоте, соответствующей самой верхней части тела, фотоны собирает какой-то мизер вещества.

Если сравнивать, например, с телом кубической формы, то там наверху целый квадрат – область сбора.

У сферы тоже точка. Однако в отличие от пирамид или конуса, переход к нижним областям у сферы более плавный.

И чем уже пирамида, тем ярче выражен эффект энергосбора.

Вектор Силы Притяжения планеты направлен перпендикулярно к поверхности планеты. Точнее - перпендикулярно к касательной к поверхности планеты, потому что она круглая.

Отсюда следует, что наибольшая по величине Сила Притяжения направлена вертикально. Само вещество пирамиды тоже обладает гравитацией, но она слабее.

Вершина пирамиды накапливает большое количество фотонов. От вершины они стремятся пройти перпендикулярно к основанию. Если пирамида не полая, проблем не возникает. Однако если она пустая и заполнена воздухом, то воздух как изолятор, мешает прохождению фотонов-электронов.

Эта изоляция еще больше способствует накоплению фотонов в верхней части пирамиды. Когда напряжение растет, то даже воздух перестает быть серьезным препятствием. Происходит газовый разряд. Воздух в пирамиде ионизируется, электризуется. Особенно это касается центральной части.

Теперь поговорим о том, к каким последствиям приводит высокий уровень электричества.

Наверняка именно этим объясняется эффект так называемого «проклятья фараонов», в соответствии с которым каждый, кто нарушит их покой, должен умереть. Те, кто строил эти пирамиды и помещал туда мумии правителей Египта, знали о повышенном уровне энергии внутри пирамид. Особенно в центральной части каждой из них.

Свет – это фотоны, движущиеся по инерции, т.е. быстро.

Электричество – это те же фотоны, но движущиеся под действием притяжения (со стороны проводника, или же со стороны всего вещества планеты).

В умеренных количествах свет, тепло и электричество действуют на организм очень благоприятно. Расслабляют, оздоравливают, нормализуют обмен веществ.

Однако в больших дозах могут убить. Все знают, что пламя, концентрированный свет или мощный заряд тока может сжечь.

Очевидно, что внутри пирамид существует сильное электростатическое поле. Как раз оно то и может травмировать неподготовленные организмы людей, особенно, если они находятся там слишком долго. Вот поэтому многие исследователи египетских пирамид умерли, но не там, а вернувшись на родину. Их тела просто не были готовы к такому мощному энергетическому воздействию, и их внутренние органы ослабли под его действием. Они стали слабым звеном и стали разрушаться.

Если же организм изначально привык пропускать через себя высокие энергии, большое их количество, т.е. закален и адаптирован, он не пострадает. Наоборот – еще больше усилится и закалится. Это как естественный отбор – слабые погибают, сильные выживают.

Теперь, думается, вы и сами понимаете, почему для захоронения фараонов была выбрана пирамидальная форма строений.

Электрическое поле внутри пирамиды убивает микроогранизмы. Именно они –

основная причина гниения трупов. А раз их нет, или мало, то и тело не портится.

Поэтому и молоко сохраняется в пирамидах дольше. Не киснет из-за недостатка микробов.

А вот объяснение самозатачивания лезвий.

Режущий край лезвия – чем тоньше, тем острее.

Во время бритья, на лезвие налипают частички кожи и волос.

Если их убрать, то лезвие вновь вернет себе былую остроту.

Но как это сделать, не прикасаясь к нему, т.е. сохраняя нужный угол заточки?

Ответ – нужно заставить металл вибрировать.

Вибрация ведет к появлению момента инерции, или говоря иначе, к силе инерции.

Эта сила заставляет двигаться по инерции – т.е. становится причиной начала самоподдерживающегося движения (неважно в каком направлении).

Частички кожи и волос связаны с атомами металл силами притяжения. Если сила инерции станет выше силы притяжения, они оторвутся от лезвия и отлетят от него, пока не остановятся. Т.е. лезвие очистится.

Вот как раз такие микровибрации с высокой частотой и происходят там, где есть электрическое поле с высоким напряжением.

А оно, как мы уже поняли, как раз и присутствует внутри пирамид.

Подведем итог нашим рассуждениям.

Как вы, надеемся, уже поняли, пирамида – это уникальная форма.

Именно ее форма становится причиной всех тех загадочных (на первый взгляд) процессов и явлений, которые наблюдают ученые разных времен и народов, но которым пока не находили приемлемого объяснения. А наблюдали они совершенно верно, и не стоит их обвинять в ненаучности. Взгляд ученого (если это хороший ученый) очень точно подмечает все тонкости и детали.

Явление пирамидального эффекта имеет ту же природу, что и явление коронного разряда или Огней Святого Эльма. Фотоны не успевают проходить через малую по площади вершину пирамиды, и выстраиваются в очередь - т.е. накапливаются в химических элементах воздуха над ней. И эти атомы воздуха ионизируются. Т.е. притяжение со стороны пирамиды сильное, но проход узкий, говоря фигурально.

Если бы пирамида была сделана из металла, эффект был бы еще сильнее - можно сказать убийственный. Потому что притяжения со стороны металлов-проводников гораздо сильнее.

И еще добавим один интересный момент, связанный с темой пирамид и создания ими электрического поля.

Испокон веков различные правители, короли, цари, а также священнослужители, жрецы, шаманы, первые, принимая решения государственной важности, верша дела огромной значимости, вторые – советуясь с богом или богами, духами, надевали на себя различные головне уборы. Часто это были металлические венцы, или что-то украшенное из металла, выступающее высоко над головой.

Наверняка, это не случайно.

Возможно, что все эти металлические высокие зубцы, пики, конусы, имели своей целью не только украсить, но и подпитать энергией своих обладателей. Это как антенны на голове, собирающие и концентрирующие энергию. А энергия просветляла мозг, позволяя подключать интуицию и принимать верные решения.

КОРПУСКУЛЯРНО-ВОЛНОВОЙ ДУАЛИЗМ

«Корпускулярно-волновой дуализм – это лежащее в основе квантовой теории представление о том, что в поведении микрообъектов проявляются как корпускулярные, так и волновые черты» (ФЭС под ред. А.М. Прохорова, «Корпускулярно-волновой дуализм»).

«В конце XVII века на основе многовекового опыта и развития представлений о свете возникли две теории света: корпускулярная (И. Ньютон) и волновая (Р. Гук и Х. Гюйгенс). Согласно корпускулярной теории (теории истечения), свет представляет собой поток частиц (корпускул), испускаемых светящимися телами и летящих по прямолинейным траекториям. Движение световых корпускул Ньютон подчинил сформулированным им законам механики. Так, отражение света понималось аналогично отражению упругого шарика при ударе о плоскость, где также соблюдается закон равенства углов падения и отражения… Согласно волновой теории, развитой на основе аналогии оптических и акустических явлений, свет представляет собой упругую волну, распространяющуюся в особой среде – эфире.

Эфир заполняет все мировое пространство, пронизывает все тела и обладает механическими свойствами – упругостью и плотностью. Согласно Гюйгенсу, большая скорость распространения света обусловлена особыми свойствами эфира. Волновая теория основывается на принципе Гюйгенса: каждая точка, до которой доходит волна, служит центром вторичных волн, а огибающая этих волн дает положение волнового фронта в следующий момент времени» (Т. И. Трофимова, «Курс физики», Глава 22 «Интерференция света»).

Такие явления, как «излучение черного тела, фотоэффект, эффект Комптона – служат доказательством квантовых (корпускулярных) представлений о свете как о потоке фотонов. С другой стороны, такие явления, как интерференция, дифракция и поляризация света убедительно подтверждают волновую (электромагнитную) природу света. Наконец, давление и преломление света объясняются как волновой, так и квантовой теориями. Таким образом, электромагнитное излучение обнаруживает удивительное единство, казалось бы, взаимоисключающих свойств – непрерывных (волны) и дискретных (фотоны), которые взаимно дополняют друг друга. Основные уравнения, связывающие корпускулярные свойства электромагнитного излучения (энергия и импульс фотона) с волновыми свойствами (частота или длина волны): *$\varepsilon\gamma = h\nu$, $p\gamma = h\nu/c = h/\lambda$*» (Т.И. Трофимова, «Курс физики», § 207 «Диалектическое единство корпускулярных и волновых свойств электромагнитного излучения»).

Как вы увидите в дальнейшем, не только

особенности излучения черного тела, фотоэффект и эффект Комптона, но и интерференцию, дифракцию и поляризацию света можно без труда объяснить их корпускулярными свойствами при помощи законов классической механики, не прибегая к изобретению некой «волновой природы».

Можно утверждать, что в оптике и других разделах физики, занимающихся изучением перемещений видимых фотонов и других видов излучений, безраздельно царствует волновая теория, так как любые световые явления рассматриваются как результат колебаний частиц среды. Таким образом, в науке, несмотря на заявления о ***корпускулярно-волновом дуализме*** света, он все еще не имеет «корпускулярных прав», в отличие от более тяжелых частиц и химических элементов.

Давайте подумаем, а стоило ли вообще

привлекать понятие «*волна*» для описания особенностей «поведения» свободных элементарных частиц? Думаем, что нет. И вот почему.

Аналогия между волнами на водной глади и особенностями движения «видимых» фотонов была проведена в связи с острой необходимостью объяснить явления дифракции и интерференции. Амплитуда горбов и впадин в местах пересечения волн на поверхности жидкости возрастает. Светлые полосы на дифракционной и интерференционной картинах приравняли к горбам, а темные – к впадинам, сделав, таким образом, свет волной. Но среда, состоящая из химических элементов или элементарных частиц, это не область раздела газообразной и жидкой сред – т.е. не поверхность жидкости (воды, например). *Электромагнитные волны* – это не колебания пространства, так как пространство не способно сжиматься и расширяться. Это потоки распространяющихся элементарных частиц различных типов.

Как уже было сказано, в науке не желают признавать корпускулярные свойства фотонов. В чем выражается это нежелание? Ну, во-первых, фотонам отказано в праве иметь массу покоя. Эта возможность оставлена только «истинно» элементарным частицам – таким как протоны, нейтроны, электроны и другие. А ведь фотоны очень неплохо отклоняются гравитационными полями, и можно найти предостаточно природных явлений, подтверждающих это. К примеру, все тот же известный процесс дифракции – огибания электромагнитными волнами тел – обусловлен не чем иным, как притяжением со стороны тела, которое встречается потоку световых частиц на его пути. Не притягивай тело фотоны, они бы двигались строго по прямой. А тут вступает в действие Правило Параллелограмма, и фотоны подчиняются равнодействующей Силе, которая возникает как результат сложения векторов Силы Притяжения и Силы Инерции. Так и происходит искривление траектории движения световых частиц, и мы можем наблюдать огибание ими тела.

Во-вторых, к фотонам, как, впрочем, и к остальным типам элементарных частиц, не хотят применять Законы классической механики. Тела, которые построены из элементарных частиц, в том числе и из фотонов, имеют право притягиваться и притягивать, соударяться, двигаться по инерции. Почему же тогда это недоступно частицам? «Как вверху, так и внизу». Большое есть не более чем следствие сложения малых величин. И то основное, что управляет малым, распространяется и на то большое, которое слагается из этого малого. В частности, фотоны, как и остальные виды элементарных частиц, подчиняются Закону Тяготения И. Ньютона. А значит, способны притягиваться любым объектом, формирующим в пространстве Поле Притяжения: частицей, химическим элементом или телом. Однако для того чтобы осуществлялся процесс притяжения, как уже говорилось ранее, вовсе не обязательно, чтобы притягиваемый объект тоже имел массу, т.е. Поле Притяжения. Он может иметь и антимассу – Поле Отталкивания. Поэтому излагаемая в этой книге концепция элементарных частиц, согласно которой существуют частицы двух основных типов – Инь (с Полями Притяжения) и Ян (с Полями Отталкивания), в главных моментах не противоречит Закону Тяготения.

Все элементарные частицы, и фотоны в том числе, обязательно обладают каким-либо качеством. В любой ситуации они обладают либо массой, либо антимассой.

Волновую сторону корпускулярно-волнового дуализма, предложенную Х. Гюйгенсом и поддержанную создателями и последователями квантовой механикой, легко понять. Свет для них – это электромагнитное поле, пронизывающее все, энергия, разлитая в пространстве. И отдельный квант света для них – это просто флуктуация пространства. И в чем-то они правы: весь наш мир – это и есть флуктуация. Однако, с их стороны, ошибкой было считать, что свет можно полностью отождествить с процессами, протекающими в жидких средах. На самом деле природа света – это не природа волны. Световой луч – это поток корпускул, частиц. Именно поток, а не волна. Надеемся, вы знаете между ними разницу. В потоке происходит движение компонентов среды. А волна – это движущийся фронт изменяющегося положения компонентов среды.

Вот еще одно серьезное возражение против волновой теории света. В соответствии с концепцией волн выходит, что электромагнитная волна – это череда темноты (впадин) и света (горбов). Соединение впадин – темноты – дает нам на интерференционно-дифракционной картинке темные полосы. А соединение горбов – света – или горба и впадины дает нам светлые полосы. Именно так объясняет нам происходящее волновая концепция. Однако если следовать этой теории, получится, что весь наш мир должен быть испещрен светлыми и темными полосами и пятнами, поскольку источников света превеликое множество. И световые волны от них постоянно пересекаются. А значит, накладываются друг на друга их горбы и впадины. Но в реальности этого нет.

Сторонники волновой теории объясняют отсутствие интерференции от разных источников света, например, от двух лампочек, некогерентностью волн, исходящих от независимых источников света. Некогерентность – это несовпадение цугов волн. Однако даже если мы последуем их логике, то соединение впадин любой волны с любым участком другой волны (кроме ее минимума, т.е. впадины) должно вести к ее ослаблению. Т.е вокруг нас в световых лучах всюду должны быть темные пятна и полосы. Этого нет.

Если продолжать следовать предлагаемой логике, то соединение двух волн, которые находятся не в min (не в состоянии впадины), обязательно должно вести к их суммированию и возрастанию. Т.е. вокруг нас в световых лучах должны быть участки увеличенной яркости. Этого нет.

Однако мы все же не будем следовать этой логике по той простой причине, что поток фотонов – это не колеблющаяся жидкость на границе раздела сред (как это имеет место, например, в океане, море или стакане воды). Свет – это единая среда. Среда, состоящая из фотонов. Волны же возникают на поверхности жидкости, потому что жидкость вытесняется каким-либо телом, оказывающим на нее давление. Например, воздухом, или другой жидкостью, или любым твердым телом.

ДИФРАКЦИЯ И ИНТЕРФЕРЕНЦИЯ

А теперь давайте поговорим о дифракции и интерференции как об основных виновницах появления в физике понятия *электромагнитная волна*.

Интерференционная и дифракционная картины удивительным образом схожи между собой. И в том, и в другом случае мы можем наблюдать на экране чередование освещенных и темных участков (полос или колец). Это и неудивительно, что они схожи, ведь в основе образования обоих явлений лежит одно и то же явление – отклонение движущихся фотонов за счет действия притяжения со стороны химических элементов. Но мы немного забежали вперед. А пока давайте приведем научные определения и описания понятий дифракция и интерференция.

Интерференционные и дифракционные картины

«При наложении в пространстве двух (или нескольких) когерентных волн в разных его точках получается усиление или ослабление результирующей волны в зависимости от соотношения между фазами этих волн. Это явление называется *интерференцией* волн» (Т.И. Трофимова, «Курс физики», Глава 19

«Упругие волны»)

«***Дифракцией*** называется огибание волнами препятствий, встречающихся на их пути, или в более широком смысле – любое отклонение распространения волн вблизи препятствий от законов геометрической оптики. Благодаря дифракции волны могут попадать в область геометрической тени, огибать препятствия, проникать через небольшие щели в экранах и т.д.» (Т.И. Трофимова, «Курс физики», Глава 23 «Дифракция света»). Явление дифракции «обнаружил в середине семнадцатого века итальянец Гримальди…». «Гримальди обладал исключительно острым зрением и смог увидеть то, что ускользало от взгляда других исследователей световых явлений. А именно: нерезкие контуры предметов при их освещении источниками света небольшого размера» (В.И. Рыдник,

«Многоцветье спектров»). Гримальди предложил способ увидеть дифракцию для людей с очень острым зрением. Что касается людей с обычным зрением, то им можно предложить дифракционную картину, получаемую: 1) дифракцией Френеля на круглом отверстии; 2) дифракцией Френеля на диске; 3) дифракцией Фраунгофера на одной щели; 4) дифракцией Фраунгофера на дифракционной решетке.

----

1) ***Дифракционная картина на круглом отверстии…*** будет иметь вид чередующихся темных и светлых колец…, причем интенсивность максимумов убывает с расстоянием от центра картины» (Т.И. Трофимова, «Курс физики», Глава 23 «Дифракция света»). В центре дифракционной картины данного типа может быть темное или

светлое кольцо.

Максимумами в дифракционных и интерференционных картинах называют освещенные участки на экране, а ***минимумами*** – темные.

----

2) ***Дифракционная картина на диске*** возникает, когда световая волна встречает на своем пути диск. В точке на экране, лежащей на прямой, которая соединяет источник света с центром диска, наблюдается центральный максимум. «Центральный максимум окружен концентрическими с ним темными и светлыми кольцами, а интенсивность максимумов убывает с расстоянием от центра картины» (Т.И. Трофимова, «Курс физики», Глава 23 «Дифракция света»).

----

3) ***Дифракция Фраунгофера на одной***

щели. «При освещении щели белым светом центральный максимум имеет вид белой полоски… Боковые максимумы радужно окрашены». Они обращены «фиолетовым краем к центру дифракционной картины» (Т.И. Трофимова, «Курс физики», Глава 23 «Дифракция света»).

При освещении щели монохроматическим светом освещенные полосы на экране будут, соответственно, окрашены в тот или иной цвет, а радужных полос не будет. «…сужение щели приводит к тому, что центральный максимум расплывается, а его яркость уменьшается (это, естественно, относится и к другим максимумам). Наоборот, чем щель шире…, тем картина ярче, но дифракционные полосы *уже*, а число самих полос больше». При размерах щели, значительно превышающих длину электромагнитной волны света данного цвета, «в центре получается резкое изображение источника света, т.е. имеет место прямолинейное распространение света» (Т.И. Трофимова, «Курс физики», Глава 23 «Дифракция света»).

----

4) *Дифракция Фраунгофера на дифракционной решетке.*

Дифракционная решетка – система «параллельных щелей равной ширины, лежащих в одной плоскости и разделенных равными по ширине непрозрачными промежутками». «…при пропускании через решетку белого света все максимумы, кроме центрального ($m=0$), разложатся в спектр, фиолетовая область которого будет обращена к центру дифракционной картины, красная – наружу» (Т.И. Трофимова, «Курс физики», Глава 23 «Дифракция света»).

«Чем больше щелей…, тем… более интенсивными и более острыми будут максимумы» (Т.И. Трофимова, «Курс физики», Глава 23 «Дифракция света»).

«Дифракционная картина на решетке определяется как результат взаимной ***интерференции*** волн, идущих от всех щелей, т.е. в дифракционной решетке осуществляется многолучевая интерференция когерентных дифрагированных пучков света, идущих от всех щелей» (Т.И. Трофимова, «Курс физики», Глава 23 «Дифракция света»).

Теперь, когда приведен основной набор цитат, дающих представление о дифракции и интерференции, давайте попробуем разобраться в их природе.

Начнем с того, что геометрическая оптика занимается исследованием закономерностей распространения световых лучей в оптически прозрачных средах – в газах, жидкостях (большинстве), стекле и ряде других плотных минералов. Напомним, что световой луч представляет собой поток видимых фотонов. А видимые фотоны, как и другие элементарные частицы, способны подчиняться Силам Притяжения со стороны других частиц (элементов или тел).

Сторонники корпускулярной теории света не смогли объяснить явления дифракции и интерференции со своих позиций именно потому, что не сочли нужным наделить фотоны истинным корпускулярным «правом» – правом притягиваться. Отсюда – вся «волновая неразбериха» в теории света, не укладывающийся в голове «корпускулярно-волновой дуализм» и прочие ошибочные представления.

А сейчас мы приведем из «Курса физики»

Т. И. Трофимовой – учебника физики для вузов – еще одну цитату, из которой становится видно, что Ньютон совершенно верно объяснял причину преломления света и, соответственно, причину разбираемых нами дифракции и интерференции.

«Преломление света Ньютон объяснил притяжением корпускул преломляющей средой…»

Так что же это за удивительные явления – дифракция и интерференция – и как можно объяснить их природу, опираясь на законы классической механики, как и предлагал Ньютон?

Явление *дифракции* – это не что иное, как отклонение видимых фотонов, движущихся в составе светового луча, от первоначальной траектории под действием Силы Притяжения со стороны какого-либо объекта с Полем

Притяжения, например, химического элемента (или элементов) среды, сквозь которую движется поток фотонов.

И дифракционную, и интерференционную картинки можно рассматривать в качестве проекции на экран химических элементов, располагающихся в отверстии (или щели). Размеры проделываемых отверстий и щелей очень малы. Поэтому число химических элементов в отверстиях или щелях поддается исчислению. По этой же причине ограничено количество видимых фотонов, проходящих сквозь отверстие или щель. Впрочем, как и ограничено число частиц остальных типов, движущихся в составе светового луча, – радио, ИК фотонов. Химические элементы, заполняющие отверстие или щель, создают в пролетающих мимо них фотонах Силу Притяжения, которая, соперничая с Силой

Инерции, движущей фотоны, приводит к возникновению равнодействующей Силы – т.е. происходит преломление траектории движения фотонов.

Давайте проанализируем, почему на экране, где отображается дифракционная картинка, мы видим максимумы и минимумы освещенности, т.е. светлые и темные полосы. Максимумы, т.е. светлые полосы или кольца – это проекции участков между химическими элементами в отверстии или щели. Там, где фотоны могут проходить беспрепятственно, не встречая на пути химический элемент, мы видим на картинке максимум – светлый участок. А где фотоны натыкаются на химический элемент, мы видим на картинке минимум – темный участок. Каждый химический элемент становится причиной одного минимума – одного темного участка.

Промежуток между двумя химическими элементами – это причина максимума – светлого участка. Плавность перехода от светлого участка к темному, т.е. постепенный, а не резкий переход от светлой полосы к темной, объясняется притяжением фотонов химическим элементом. Как известно, с уменьшением расстояния величина Силы Притяжения растет. Поэтому чем ближе к химическому элементу проходит поток фотонов, тем большее их число из этого потока притягивается элементом – поглощается им. Тем самым, происходит ослабление светового луча, проходящего сквозь щель или отверстие. И чем ближе к химическому элементу, тем темнее участок, проецирующийся на экран. Вот так и возникает дифракционная картинка.

Если вы взгляните на дифракционную картинку, неважно, в виде колец или полос, то легко заметите, что в направлении от центрального максимума к периферии ширина полос (колец) постепенно возрастает.

«*Интенсивность максимумов убывает в направлении от центра картины*». Данный факт легко объяснить притяжением фотонов со стороны химических элементов материала, в котором проделано отверстие (или щели). Эта Сила Притяжения ослабляет световой поток. Химические элементы краев материала поглощают движущиеся фотоны. И чем ближе к периферии, т.е. к краям, тем меньше фотонов доходит до экрана, т.е. тем больше ослабевают максимумы. Тем меньше их яркость.

«*В центре дифракционной картины на круглом отверстии может быть светлое или темное пятно*». Темное пятно на экране объясняется наличием в центре отверстия химических элементов воздуха. Химический элемент – это препятствие на пути у движущихся фотонов. Там, где фотоны не проходят, на экране темный участок. Соответственно, светлое пятно объясняется свободным пространством в центре отверстия – там нет препятствий на пути у движущихся фотонов, т.е. нет химических элементов воздуха. В результате на экране мы видим светлое пятно.

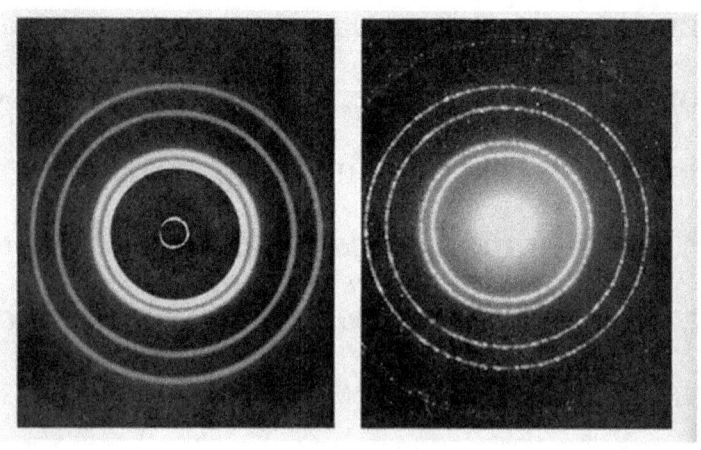

Дифракция – в центре темное пятно и дифракция – в центре светлое пятно

Давайте отвлечемся от пояснения смысла отдельных моментов, встреченных нами в тексте, который посвящен описанию дифракционной картины, и поговорим о том, какие именно элементы воздуха заполняют прорезанные щели и отверстия.

Состав воздуха нашей планеты следующий: азот – 78, 08%, кислород – 20,98%, водород и инертные газы – 0,94%, углекислый газ – 0,03%. Как вы можете видеть, в численном отношении в атмосфере планеты больше всего азота. Кислорода меньше азота более чем в половину. Процент остальных газов весьма невелик. Азот, как известно, это достаточно инертный в реакционном отношении газ. Элементы кислорода характеризуются большими по величине суммарными Полями Отталкивания, нежели элементы азота. По этой причине элементы кислорода в меньшей мере притягиваются элементами вещества материала, в котором проделаны отверстия или щели. Так что практически всегда, когда щели или отверстия проделываются в воздушной атмосфере, они заполнены элементами азота. Поэтому дифракционная картина такого рода – это проекция на экран элементов азота, заполняющих щель или отверстие.

Если же речь идет не о проделанном отверстии или щели, а о прозрачных участках в материале, чередующихся с непрозрачными (Дифракция Фраунгофера на дифракционной решетке), тогда, конечно, ни о каком заполнении элементами азота речи не идет. Просто в прозрачных участках материала достаточно свободного пространства между элементами, для того чтобы между ними могли проходить фотоны.

А теперь снова вернемся к объяснению отдельных моментов явления дифракции, которые мы цитировали ранее.

«*Дифракционная картина на диске* возникает, когда световая волна встречает на своем пути диск. В точке на экране, лежащей на прямой, соединяющей источник света с центром диска, наблюдается центральный максимум». Материал диска отклоняет в своем направлении движущиеся фотоны. И так как диск круглый, то отклоняющиеся фотоны со всех сторон диска в конечном итоге образуют в совокупности единое световое пятно в центре картины – центральный максимум.

Примерно также можно объяснить следующий факт: *«…сужение щели приводит к тому, что центральный максимум расплывается, а его яркость уменьшается (это, естественно, относится и к другим максимумам). Наоборот, чем щель шире…, тем картина ярче, но дифракционные полосы уже, а число самих полос больше».* При размерах щели, значительно превышающих длину электромагнитной волны света данного цвета, *«в центре получается резкое изображение источника света, т.е. имеет место прямолинейное распространение света»*

Данный факт можно объяснить следующим образом. Гравитационные поля элементов материала, в котором проделана щель, имеют бо̲льшую величину по сравнению с элементами азота, заполняющими щель. Эти гравитационные поля создают Силы Притяжения в движущихся фотонах. Так как материал плотный, то Поля Притяжения образующих его элементов значительные. В фотонах возникает равнодействующая Сила, ее вектор указывает направление, в котором продолжается инерционное движение фотонов, прошедших сквозь щель. Так и происходит рассеивание фотонов – преломление траектории их движения. Именно поэтому – из-за рассеивания – дифракционная картина значительно превосходит размеры щели или отверстия. И чем ближе к краям, тем больше Сила Притяжения со стороны элементов материала и тем на больший угол преломляется траектория фотонов. И чем ближе края друг к другу (чем *уже* отверстие), тем больше Сила Притяжения химических элементов плотного материала, тем сильнее притягиваются фотоны, движущиеся через отверстие. Тем большее их количество отклоняется к краям – т.е. рассеивается (преломляется). Так и происходит «расплывание» центрального и других максимумов. Уменьшение яркости максимумов происходит из-за поглощения части фотонов элементами материала. Яркость зависит от концентрированности светового луча, а тут она уменьшается. Электромагнитный луч тем более концентрирован, чем большее число частиц в его составе движутся одним и тем же путем.

Естественно, чем шире отверстие, тем дальше края друг от друга и тем меньше Сила Притяжения, вызываемая элементами материала, в котором проделана щель, и тем меньше фотонов поглощается элементами плотного материала, и тем слабее они отклоняются к краям отверстия. Поэтому и происходит уменьшение толщины дифракционных полос – из-за уменьшения степени рассеивания (преломления) света, т.е. уменьшается угол, на который отклоняются движущиеся фотоны. Увеличение яркости дифракционных полос происходит из-за уменьшения числа фотонов, поглощаемых элементами материала. А число полос возрастает, потому что из-за расширения отверстия в нем возрастает число элементов воздуха (азота), ведь каждая темная полоса на экране – это проекция химического элемента.

Очень важное условие для возникновения дифракционной картины – это малые размеры отверстия или щели. Только в этом случае поток фотонов значительно ослабляется за счет поглощения их элементами материала, в котором проделано это отверстие (или щель). Малые размеры отверстия означают, что расстояние от проходящего через отверстие потока фотонов до краев очень мало. А чем меньше расстояние, тем больше величина Поля Притяжения и Силы Притяжения. За счет большой Силы Притяжения поглощается большой процент фотонов из числа проходящих через отверстие. В противном случае, если отверстие слишком большое, края отверстия слишком далеки от центра и Сила Притяжения недостаточна, для того чтобы материал поглощал достаточное число фотонов, проходящих через центр отверстия. И, кроме того, мало преломляются фотоны, проходящие через центр. Именно поэтому «*в центре получается резкое изображение источника света*».

Возрастание Силы Притяжения элемента происходит при уменьшении расстояния до него. Это имеет место при прохождении видимых фотонов (и частиц другого качества) вблизи плотных тел, элементы которых имеют большую массу. Отклонение происходит для элементарных частиц, движущихся в газообразной среде вблизи самой границы раздела газа и плотного тела или газа и жидкости. Данное явление происходит, к примеру, в освещаемых тончайших щелях и мельчайших отверстиях в плотном материале. В это, возможно, трудно поверить, но ***отклонение траектории движения света и других частиц происходит при их прохождении вблизи химических элементов любых сред и тел – плотных, жидких, газообразных. В наибольшей мере это относится к плотным телам, в наименьшей – к газообразным.***

Геометрическая оптика рассчитана на потоки элементарных частиц, движущихся не вдоль границы раздела газа и твердого тела или газа и жидкости, а на таком расстоянии от краев тел, которое обеспечивает достаточное экранирование гравитационных полей этих тел элементами среды, в которой движутся частицы. Ведь характерная особенность

Силовых Полей элементов газовой среды – сочетание Полей Отталкивания и слабых Полей Притяжения. Тем самым, газовая прослойка уменьшает Силу Притяжения со стороны элементов твердых и жидких тел, действующую на пролетающие мимо частицы.

Чем больше масса элементов тела, мимо которого движутся элементарные частицы, тем больше величина возникающей в этих частицах Силы Притяжения. И тем ближе к притягивающим их химическим элементам отклоняются частицы в ходе своего движения.

Угол, на который происходит отклонение траектории частиц от первоначального направления, обратно пропорционален величине Силы Инерции движущейся частицы: $α = 1/F_{ин}$, где $α$ – это угол между вектором Силы Инерции частицы и вектором равнодействующей Силы, $F_{ин}$ – это Сила

Инерции частицы. Именно эта формула объясняет, почему видимые фотоны разных цветов отклоняются (преломляются) в разной мере. В частности, красные преломляются в наименьшей степени, а фиолетовые – в наибольшей. Подробнее о механизме и причинах отклонения фотонов разных цветов мы поговорим в статье, посвящённой механизму возникновения спектра. Здесь мы лишь поясним факт возникновения радужных полос на дифракционных картинах при освещении их белым (немонохроматическим) светом.

«При освещении щели белым светом центральный максимум имеет вид белой полоски… Боковые максимумы радужно окрашены». Они обращены ***«фиолетовым краем к центру дифракционной картины»***. Как уже говорилось, прорезанные щели заполнены элементами азота. К центру щели число элементов уменьшается, а к краям – растет. Т.е. к центру плотность воздуха уменьшается, а к краям возрастает. Это и неудивительно, ведь к краям растет Сила Притяжения, вызываемая элементами материала. Заметим, к слову, что именно этот факт лежит в основе объяснения «длины волны» для разных типов фотонов (и вообще любых видов элементарных частиц). Так вот, из-за малой плотности воздуха в центре расстояния между элементами велики, в результате проходит много фотонов всех цветов – так и получается на экране центральный максимум белого цвета. По мере приближения к краям щели Сила Притяжения растет – в итоге ослабляется поток фотонов. Они поглощаются материалом. *Уменьшение числа фотонов в потоке делает заметным процесс их перераспределения, вызванный притяжением со стороны элементов воздуха щели.* В итоге мы можем наблюдать, как каждый химический элемент воздуха в щели отклоняет своим притяжением движущиеся фотоны в разной мере. Те, что обладают на момент прохождения через щель большей Силой Инерции, отклоняются (преломляются) в наименьшей мере. Это фотоны, образующие в спектре полосу красного цвета. А те, что обладают наименьшей Силой Инерции, отклоняются в наименьшей мере – это фотоны синего и красного цвета, создающие в совокупности в спектре полосу фиолетового цвета. Именно поэтому каждый из боковых максимумов радужно окрашен и обращен фиолетовым краем в сторону центра дифракционной картины, а красным – в сторону края. Фиолетовый край каждого такого максимума обращен в сторону одного какого-то элемента воздуха, а красный расположен дальше всего от этого элемента.

ДЛИНА ВОЛНЫ

Первоначально длина волны была измерена для света – т.е. для потока видимых фотонов. В дальнейшем длину волны измерили и для других типов фотонов – инфракрасных, радио, ультрафиолетовых, рентгеновских, гамма. Длины электромагнитных волн измеряют на интерференционной картине, получаемой при помощи дифракционной решетки. При этом могут либо использовать светофильтры разного цвета, либо нет (измеряют положение полосы того или иного цвета непосредственно на радужных максимумах). Или тем же интерференционным методом при помощи колец И. Ньютона. При этом собственно «*длиной волны*» называют расстояние между двумя соседними светлыми или темными полосами (кольцами) на экране.

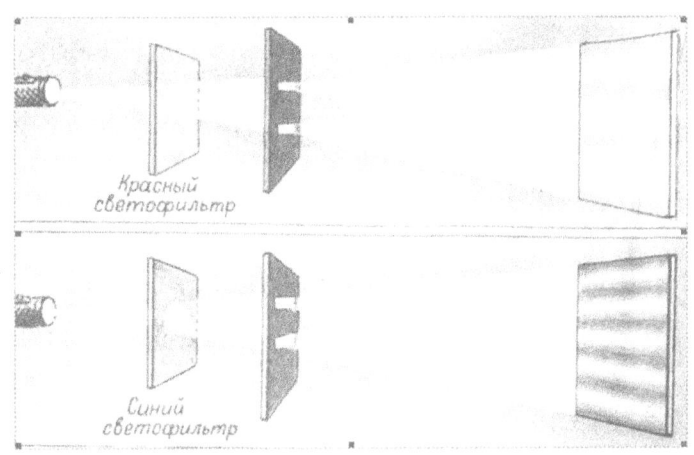

Длина волны для света разного цвета

Считается, что светлые (окрашенные, если свет пропущен через светофильтр) полосы (кольца) – это наложения горбов пересекающихся электромагнитных волн, а темные – наложения впадин.

Давайте разберемся, почему у потоков фотонов разного цвета различается расстояние между светлыми и темными полосами (кольцами).

Мы уже не раз говорили о том, что свет – это фотоны видимого диапазона, одна из разновидностей элементарных частиц. Обсуждали мы и то, что видимые фотоны, как все частицы, подчиняются таким законам классической механики, как Закон Инерции и Закон Тяготения. Свет движется от испустившего его источника по инерции. При воздействии на них Полей Притяжения химических элементов среды, в которой или мимо которой они движутся, в них возникает Сила Притяжения. В итоге, по Правилу Параллелограмма, равнодействующая Сила выстраивается в виде диагонали на векторах обеих Сил – Силы Инерции и Силы Притяжения – как на сторонах параллелограмма. Происходит отклонение траектории движения фотонов в соответствии с вектором равнодействующей Силы, т. е. идет процесс преломления траектории фотонов, иначе – их рассеивание.

Сила Притяжения, возникающая в движущихся фотонах под действием суммарных Полей Притяжения материала, в котором проделана щель, приводит к ослаблению потока фотонов. Это очень важное условие для возникновения и дифракционной, и интерференционной картины. Только в этом случае, при сравнительно небольшом числе фотонов, имеющемся на выходе из щели, мы можем заметить их притяжение элементами воздуха в щели. Если отверстия или щели слишком большие по размеру, поток фотонов ослабляется мало, и в итоге мы видим на экране просто светлое пятно. При ослабленном световом потоке мы можем наблюдать проекцию химических элементов щели. Мы можем видеть, как по-разному отклоняются под действием притяжения со стороны химических элементов щели видимые фотоны разного цвета. Если мы ведем речь о получении радужных боковых максимумов при помощи дифракционной решетки Фраунгофера, там можно увидеть, что фиолетовые полосы спектра обращены к центру, а красные – ближе к периферии. Данный факт объясняется притяжением со стороны элементов щели. Ближе к каждому притягивающему элементу щели проходят фиолетовые видимые фотоны. Объясняется это их наименьшей из всех Силой Инерции. Дальше всего от каждого химического элемента проходят фотоны, формирующие в спектре полосу красного цвета. Причина – наибольшая по величине Сила Инерции. Длину волны в этих радужных максимумах измеряют на особом приборе – *гониометре*. При этом оценивается расстояние от каждой темной полосы до края полосы того или иного цвета в радужном максимуме. Измеряется так называемый *угол дифракции* – угол между двумя прямыми. Одна из них проходит через один из краев щели, совпадает с окончанием темной полосы и началом радужной т.е. совпадает с прямолинейно распространяющимся световым лучом. Другая прямая соответствует отклонившемуся световому лучу и той или иной цветовой полосе в радужном максимуме. Угол между ними становится углом прямоугольного треугольника. И дальше используется тригонометрическая формула. Длина волны ставится в прямую зависимость от величины синуса угла дифракции. Чем больше длина волны, тем больше синус. А синус – это отношение противолежащего катета к гипотенузе. И противолежащий катет как раз соответствует длине волны. Вот и выходит, что чем больше угол, тем больше длина волны. И так как красная полоса всегда отстоит дальше всего от темной полосы, ее длина волны наибольшая. А фиолетовая полоса всегда ближе всего к темной полосе – ее длина волны наименьшая. Напомню, хотя мы здесь и приводим достаточно подробное описание сути метода, это не означает, что мы разделяем данную точку зрения.

Почему мы видим влияние притяжения только одной стороны каждого химического элемента в щели (отверстии) – той, что обращена к периферии? Т.е. почему мы видим отклонение фотонов только в направлении центра? Причина проста. Со стороны отверстия (щели) Сила Притяжения каждого элемента щели суммируется с Силой Притяжения, вызываемой материалом, в котором проделана эта щель. В итоге сторона химических элементов щели, обращенная к центру, поглощает гораздо больше фотонов. Из-за такого ослабления потока фотонов мы просто не видим происходящего распределения фотонов по цветам – из-за их малого количества, что проходит через эти зоны.

Чем больше суммарное Поле Притяжения химических элементов вещества, в котором проделана щель (т.е. чем больше суммарная масса), тем больше Сила Притяжения, возникающая в движущихся сквозь щель частицах. Помимо этого в частицах Инь (в частицах с массой) возникающая Сила

Притяжения всегда больше, нежели в частицах Ян.

Интерференционную и дифракционную картины можно рассматривать в качестве проекции химических элементов воздуха на экран. Элементы воздуха в щели становятся препятствиями для частиц, движущихся сквозь щель. Поэтому места, где в щели (отверстии) располагаются элементы воздуха, проецируются на экран в качестве *«темных полос»* (в интерференционной картине) или *«темных колец»* (в дифракционной картине). Соответственно, места, где в щели (отверстии) существуют промежутки между элементами воздуха, проецируются на экран в виде *«светлых полос»* или *«светлых колец»*, так как сквозь эти промежутки оптические фотоны проходят беспрепятственно. Если видимые фотоны предварительно прошли через светофильтр, то светлые полосы будут окрашены в тот или иной цвет.

Причина возникновения светлых (окрашенных) и темных полос в дифракционной и интерференционной картинах одна и та же. Щели для получения интерференционной картины, так же как и отверстие для получения дифракционной картины проделывают в плотном материале (например, в картоне). Это означает, что масса химических элементов плотного материала выше массы химических элементов воздуха, заполняющего щели или отверстие. Между элементами плотного материала и элементами воздуха в щелях (в отверстии) возникает притяжение благодаря существующим Полям Притяжения химических элементов. Поэтому возле краев отверстия (щели) возникает повышенная плотность элементов воздуха, а в направлении центра их концентрация уменьшается. В соответствии с Законом Всемирного Тяготения, чем ближе к краям отверстия (щели), тем больше величина Силы Притяжения, создаваемой элементами плотного материала, и тем плотнее располагаются друг к другу элементы воздуха. Поэтому ближе к краям концентрация элементов воздуха растет. То же самое явление мы, кстати, можем наблюдать в атмосферах планет (и других небесных тел) – чем ближе к поверхности твердой фазы, тем выше плотность атмосферы.

Не следует забывать, что размеры щели или отверстия *чрезвычайно малы*. На таком малом расстоянии от краев величина Сил Притяжения, возникающих под влиянием Полей Притяжения элементов плотного материала, очень велика. И эти Силы

Притяжения возникают не только в элементах воздуха в щели, но и в элементарных частицах, проходящих сквозь щель. И под действием этих Сил частицы отклоняются к краям щели. И от качества частиц (массы или антимассы) зависит расстояние, на которое они отклоняются от центра к краям, так как от массы частиц зависит величина возникающих Сил Притяжения. Чем больше масса, тем больше Силы и тем на большее расстояние от центра отклоняются частицы. Поэтому, если поток частиц монохроматический, т.е. одного качества, частицы отклоняются и проходят сквозь щель приблизительно на одинаковом расстоянии от краев. Как нам уже известно, в щели (или отверстии) концентрация элементов воздуха к краям возрастает. И на каждом определенном расстоянии от краев концентрация элементов имеет определенное значение. Таким образом, элементарные частицы одного качества, проходящие сквозь щель, отклоняясь на определенное расстояние от краев, являются причиной появления на экране череды окрашенных и темных полос. И расстояние между окрашенными или темными полосами соответствует расстоянию между элементами воздуха в щели в том месте, куда отклонились частицы. Это расстояние между темными или окрашенными полосами на экране в физике носит название ***длина электромагнитной волны***. Концентрация элементов азота в прорезанной щели возрастает к краям постепенно. Поэтому постепенное уменьшение расстояния между полосами незаметно для глаз. Фотоны одного качества проходят через щель, занимая при этом определенный участок этой щели. Однако из-за незаметного и плавного изменения расстояния между химическими элементами мы воспринимаем эти расстояния как одинаковые.

Для получения дифракционной картины в виде колец проделывается одно отверстие. Тогда как для получения интерференционной картины прорезают две или большее число щелей. Почему так?

На интерференционной картине мы видим на равном расстоянии череду светлых и темных полос (максимумов и минимумов). В то время как, проделывая отверстие, мы видим череду светлых и темных колец, а в центре – яркий световой круг. Толщина темных колец к центру уменьшается, а к периферии растет. Толщина светлых колец изменяется прямо противоположно – к центру растет, а к периферии уменьшается.

Но для чего же требуется проделывать две

или большее число щелей для получения интерференционной картины? Ведь как уже стало ясно, светлые и темные полосы вовсе не получаются за счет пересечения пространственных волн, проходящих сквозь щели. А дело тут вот в чем. Прорезывание щелей на очень небольшом расстоянии друг от друга ослабляет суммарное гравитационное поле химических элементов плотного материала внутренних краев каждой щели. Связано это с разрывом связей между элементами во время прорезывания, а также с заполнением щелей более легкими элементами воздуха, что также ослабляет гравитационное поле. Известно, что чем больше щелей прорезается и чем они ближе друг к другу, тем больше будет темных и светлых полос и тем светлые будут ярче. Это легко объяснить. Прорезывание щелей приводит к ослаблению гравитационного поля, направленного в щель. И чем больше щелей прорезается и чем ближе они друг к другу, тем больше ослабляется гравитационное поле каждого края каждой щели. Известен факт – ***чем больше щелей, тем ярче светлые полосы***. Это объясняется как раз уменьшением суммарной Силы Притяжения со стороны материала, в котором проделаны щели. Эта Сила Притяжения обычно ослабляет интенсивность светового потока, приводя к поглощению фотонов. А из-за ослабления этой Силы большее число фотонов проходит за единицу времени через щели, достигая экрана, и тем ярче полосы.

Что касается получения дифракционной решетки путем нанесения резцом штрихов на твердый материал, например, на стекло, то в этом случае углубления в материале также ведут к ослаблению суммарного Поля

Притяжения материала. А эффект тот же, что и при прорезании.

А сейчас объясним еще один факт, который мы уже упоминали чуть выше. На дифракционной картине, получаемой путем проделывания отверстия, мы видим череду светлых и темных колец, а в центре – яркий световой круг. Толщина темных колец к центру уменьшается, а к периферии растет. Толщина светлых колец изменяется прямо противоположно – к центру растет, а к периферии уменьшается. Уменьшение к центру и увеличение к периферии толщины темных колец объясняется зависимостью от расстояния величины Сил Притяжения. Чем ближе к краям, тем больше суммарная Сила Притяжения, вызываемая в фотонах химическими элементами материала, в котором проделано отверстие. И наоборот – чем дальше от краев и ближе к центру отверстия, тем эта Сила меньше. Каждый темный круг – это проекция элементов азота, заполняющих отверстие. Как мы уже выяснили, элементы в отверстии отклоняют в своем направлении фотоны, причем фотоны с меньшей «длиной волны» (с меньшей Силой Инерции) отклоняются в большей мере. Эти же типы фотонов в большей степени поглощаются элементами материала. Это означает, что чем ближе к краям отверстия, тем больший процент такого типа фотонов поглощается – выхватывается из светового потока. И поэтому ближе к краям мы можем видеть на экране области проекции, показывающие, как обычно проходят эти фотоны, темными, так как эти фотоны поглотились материалом.

Соответственно, объяснение, почему

толщина светлых колец растет к центру и уменьшается к периферии, прямо противоположное. Однако причина та же. Силы Притяжения материала к краям растут, а к центру уменьшаются. В связи с этим к центру световой поток ослабляется притяжением меньше. А к периферии больше. И к центру всех видов фотонов, в том числе и более коротковолновых, поглощается материалом меньше, а значит, через отверстие проходит больше, и поэтому области проекции на экране высвечиваются падающими туда фотонами, так они не поглотились материалом, а прошли через отверстие. Вот и все объяснение.

Вывод. Как вы видите, для объяснения причин появления темных и светлых полос и колец на экране позади очень маленьких щелей или отверстий вовсе нет смысла изобретать некую волновую теорию света. Достаточно более детально проанализировать произведенные опыты с точки зрения корпускулярной концепции, используя Законы классической механики. Так называемая ***длина волны света*** (***длина электромагнитной волны***) обусловлена различной величиной угла, на который отклоняется под действием элементов щели или отверстия траектория движущихся по инерции фотонов от первоначального направления. Что касается расстояния между темными или светлыми полосами при освещении щелей монохроматическим светом, то в этом случае величина расстояния обусловлена не чем иным, как расстоянием между химическими элементами в щели.

ТЕОРИЯ ЦВЕТА. ШЕСТЬ ЦВЕТОВ РАДУГИ. СКОРОСТЬ СВЕТА

Напомним имеющиеся сведения о видимых фотонах.

Видимые фотоны (фотоны видимого диапазона) – это элементарные частицы Физического Плана, относящиеся к диапазону значений, в котором постепенно изменяющейся величиной является количество Эфира, исчезающего в частице в единицу времени. Помимо этого, любая частица в пределах данного диапазона может обладать любым из трех возможных значений, указывающих на количество творимого в единицу времени Эфира. На шкале частот электромагнитных волн видимые фотоны располагаются между диапазоном ультрафиолетовых фотонов (еще более коротковолновых, чем видимые) и диапазоном инфракрасных фотонов (более длинноволновых, чем видимые).

В спектре между полосами разного цвета нет четких границ. Одна полоса плавно переходит в другую. Всего цветовых полос в спектре шесть, а не семь. «Установление именно семи основных цветов спектра в известной степени произвольно: Ньютон стремился провести аналогию между спектром солнечного света и музыкальным звукорядом» (Энциклопедия Юного Физика, статья «Дисперсия света»).

Наше цветовое восприятие основано на способности воспринимать количество Эфира, творимого в единицу времени видимыми фотонами. *Именно количество творимого, а не поглощаемого.*

Три основных цвета – красный, желтый и синий – это три возможных значения количества творимого Эфира. При этом частицы абсолютно любого Плана на любом его уровне могут иметь любое из трех данных возможных значений количества творимого эфира, но видеть мы способны только видимые фотоны.

Три дополнительных цвета – оранжевый, зеленый и фиолетовый. Они формируются видимыми фотонами трех основных цветов.

Как уже не раз говорилось, частицы трех основных цветов – синего, желтого и красного – характеризуются строго определенным количеством творимого в единицу времени Эфира. Красные частицы творят наибольшее из всех возможных количество Эфира. Синие – наименьшее. А желтые по количеству творимого Эфира располагаются между красными и синими.

В то же время величина, характеризующая скорость исчезновения Эфира, может принимать очень много значений в пределах даже небольшого диапазона в составе какого-то Плана. Именно поэтому среди видимых фотонов и красного, и желтого, и синего цветов есть частицы, в которых в единицу времени исчезает большее количества Эфира, а есть частицы, в которых исчезает меньшее количество Эфира.

Поле Отталкивания у частицы рождается, когда скорость творения в ней Эфира больше скорости разрушения (исчезновения). А Поле Притяжения появляется, когда скорость разрушения Эфира превышает скорость творения.

У *красных видимых фотонов* скорость творения Эфира больше скорости исчезновения. Именно поэтому они характеризуются Полем

Отталкивания. Однако среди этих красных видимых фотонов есть частицы с б*о*льшими Полями Отталкивания, и есть с меньшими. Объясняется это как раз тем, что существуют красные видимые фотоны с разной скоростью исчезновения Эфира. Чем больше скорость исчезновения Эфира, тем меньше Поле Отталкивания. И, соответственно, чем меньше скорость исчезновение Эфира, тем больше Поле Отталкивания.

Все примерно то же самое можно сказать в отношении ***видимых фотонов желтого и синего цветов***. С той лишь разницей, что у них вместо Полей Отталкивания – Поля Притяжения. У желтых и синих видимых фотонов скорость исчезновения Эфира больше скорости творения. Именно поэтому они характеризуются Полями Притяжения. При этом у синих скорость творения Эфира меньше, чем у желтых. Однако и среди синих видимых фотонов, и среди желтых есть частицы с большими Полями Притяжения, и есть с меньшими. И объясняется это именно тем, что существуют синие и желтые видимые фотоны с разной скоростью исчезновения Эфира. Чем больше скорость исчезновения Эфира – как у синих, так и у желтых – тем больше Поле Притяжения. Соответственно, чем меньше скорость исчезновения Эфира, тем меньше Поле Притяжения.

Мы уже говорили в Части, посвященной механике элементарных частиц, о том, термин *Поле Притяжения* синонимичен термину *масса*, а термин *Поле Отталкивания* – термину *антимасса*. Частицы с антимассой всегда легче частиц с массой. Если обе частицы с антимассой, то легче та из них, у которой ее величина больше. Если обе частицы с массой, то тяжелее та, у которой масса больше.

Когда видимые фотоны испускаются или отражаются химическими элементами, после этого они движутся по инерции. Любая элементарная частица, находящаяся в состоянии инерционного движения, обладает Полем Отталкивания – т.е. антимассой. Точнее, Поле Отталкивания существует только в заднем полушарии частицы (заднем – по ходу движения). Появление Поля Отталкивания – т.е. изменение качества частицы – это пример проявления трансформации. Таким образом, вес видимых фотонов (и других типов элементарных частиц) можно оценивать в двух случаях: 1) вне трансформации; 2) в состоянии трансформации.

В состоянии инерционного движения видимые фотоны трансформированы и поэтому однозначно легче их же самих в неподвижном состоянии.

Среди красных видимых фотонов можно выделить красные легчайшие – т.е. с наибольшими Полями Отталкивания (и вне состояния трансформации), красные средней легкости – с меньшими Полями Отталкивания, красные наименьшей легкости – с самыми маленькими Полями Отталкивания среди всех красных видимых фотонов. Именно красные видимые фотоны средней тяжести образуют в спектре полосу красного цвета. А вот самые тяжелые входят в состав полосы оранжевого цвета.

Точно так же можно классифицировать желтые и синие видимые фотоны – желтые или синие легкие, желтые или синие средней тяжести, желтые или синие тяжелые. Желтые легкие видимые фотоны обладают наименьшими Полями Притяжения не только среди желтых, но и среди всех видимых фотонов. У желтых средней тяжести Поля Притяжения больше, чем у желтых легких, а у желтых тяжелых они еще больше. Желтые легкие входят в спектре в состав полосы оранжевого цвета. Желтые средней тяжести – в состав полосы желтого цвета. И, наконец, желтые тяжелые входят в состав полосы зеленого цвета.

Среди синих наибольшими Полями Притяжения обладают тяжелые синие видимые фотоны, наименьшими – легкие, а средними – синие средней тяжести. При этом Поля Притяжения любых синих видимых фотонов больше Полей Притяжения любых желтых. Синие легкие входят в состав зеленой полосы спектра. Синие средней тяжести – в состав полосы синего цвета. Синие тяжелые входят в состав фиолетовой полосы.

Когда видимые фотоны начинают инерционное движение, им сообщается первоначальная скорость. При одинаковой первоначальной скорости у видимых фотонов трех основных цветов разной массы формируется разное по величине Поле Отталкивания. Естественно, что наибольшие значения оно будет принимать у видимых фотонов красного цвета, а наименьшие – у синих, так как у красных и вне процесса трансформации есть Поля Отталкивания, а у синих вне трансформации присутствуют Поля Притяжения, наибольшие по величине среди всех видимых фотонов.

В процессе инерционного движения видимые фотоны объединяются в составе дополнительных цветов вследствие возникающего у них одинакового Поля Отталкивания.

Здесь сразу же следует обговорить один очень важный момент, касающийся того, что происходит в любом потоке фотонов (элементарных частиц). Испущенные каким-либо источником света, они движутся от него по инерции. Однако, как вы помните, лишь у частиц Ян инерционное движение равноускоренное. У частиц Инь оно равнозамедленное. Это означает, что если бы частицы Инь двигались в одиночестве (монохроматически), то их движение достаточно быстро прекратилось бы. По крайней мере, они не смогли бы преодолевать огромные космические расстояния. В то же время частицы Ян, напротив, разгонялись бы до неимоверных скоростей и сообщали бы всему, с чем они сталкивались при этом, колоссальнейшие энергии. Но благодаря тому что в любом потоке света присутствуют фотоны разного качества (не забывайте также про ИК- и радио-фотоны), происходит своего рода выравнивание скорости. Фотоны Ян ускоряют Инь, подталкивая и отдавая частично испущенный Эфир. Фотоны Инь тормозят Ян, вынуждая толкать себя и забирая часть Эфира у Ян. В итоге поток фотонов движется с некоей средней скоростью, которая и известна нам как *скорость света*. *299 792,5 км/с* – это скорость света в свободном пространстве (вакууме). Как известно, в более плотных средах скорость света всегда меньше, чем в менее плотных. *Если начать экспериментировать с качественным составом излучения – убавлять или прибавлять число частиц Ян или Инь – можно будет убедиться, что изменится и скорость этого светового*

потока. Так что скорость света – величина непостоянная. Следует также учитывать первоначальную скорость, придаваемую фотонам в испускающем их источнике света. Например, более разогретые звезды (более массивные) придают фотонам б*о*льшую первоначальную скорость, нежели более холодные. Хотя в дальнейшем все равно происходит выравнивание скорости потока, но различным оказывается время, которое для этого требуется.

Торможение частиц Ян в потоке приводит к ослаблению их Поля Отталкивания. Причем, чем больше скорость разрушения Эфира и меньше скорость творения, тем в большей мере будет ослабевать Поле Отталкивания, т.е. тем меньше будет Сила Инерции, заставляющая частицы двигаться вперед. К примеру, красные УФ фотоны всегда будут иметь в потоке меньшее Поле Отталкивания (меньшую Силу Инерции), нежели те же красные фотоны, но видимого диапазона. А все потому, что у УФ фотонов скорость разрушения Эфира больше.

Для частиц Инь движение в общем потоке приводит к явлению, обратному торможению, – к поддержанию их инерционного движения. Однако здесь тоже есть свои ограничения. Чем больше скорость разрушения и меньше скорость творения Эфира, тем слабее поддерживается движение. Т.е. тем меньше Поле Отталкивания (меньше Сила Инерции). К примеру, синие видимые фотоны в составе фиолетового цвета всегда обладают меньшим Полем Отталкивания (меньшей Силой Инерции), нежели синие видимые фотоны в составе полосы зеленого цвета. А вот Поля Отталкивания синих видимых фотонов и красных УФ совпадают. Но подробнее об этом в дальнейшем.

Вернемся к цветам радуги.

Первое совпадение величины Полей Отталкивания мы можем наблюдать у красных тяжелых видимых фотонов и у желтых легких – в полосе *оранжевого* цвета. Красные тяжелые видимые фотоны характеризуются небольшими по величине Полями Отталкивания. Они творят в единицу времени максимально возможное количество Эфира. Но поглощают также очень много Эфира. Почти столько же, сколько творят, но все же меньше. Потому-то у них и есть Поле Отталкивания. Инерционное движение фотона относительно эфирного поля в той или иной мере обеспечивает потребность частицы в поглощаемом Эфире, что позволяет ей испускать творимый Эфир – частично или полностью. Насколько обеспечивается потребность частицы в поглощаемом Эфире и какой по величине в результате будет скорость испускания Эфира, зависит от количества поглощаемого и творимого ею Эфира. Желтые легкие видимые фотоны творят в единицу времени среднее возможное количество Эфира. А поглощают меньше Эфира, чем красные тяжелые. Поэтому вне трансформации они характеризуются небольшими Полями Притяжения. Из-за того что желтые легкие творят меньше Эфира, чем красные тяжелые, но и исчезает в них меньше Эфира, у частиц обоих типов возникает в процессе инерционного движения одинаковое по величине Поле Отталкивания. В результате, в ходе инерционного движения от испустившего их химического элемента в составе потока света красные тяжелые и желтые легкие видимые фотоны будут обладать одинаковым Полем

Отталкивания. Вместе взятые, красные и желтые видимые фотоны формируют в спектре полосу оранжевого цвета.

Второе совпадение величины Полей Отталкивания мы можем наблюдать у желтых тяжелых и у синих легких видимых фотонов – в составе полосы *зеленого цвета*. Желтые тяжелые видимые фотоны характеризуются небольшими по величине Полями Притяжения. Они творят в единицу времени среднее возможное количество Эфира. Исчезает в них гораздо больше Эфира, чем творится. По этой причине у них и есть Поля Притяжения. Синие легкие видимые фотоны творят в единицу времени минимальное возможное количество Эфира. А исчезает в них меньше Эфира, чем в желтых тяжелых. Поэтому вне трансформации они характеризуются Полями Притяжения, большими по величине, чем у желтых тяжелых.

Из-за того что синие легкие творят меньше Эфира, чем желтые тяжелые, но и исчезает в них меньше Эфира, у частиц обоих типов возникают в процессе инерционного движения одинаковые по величине Поля Отталкивания. В итоге, в ходе инерционного движения от испустившего их химического элемента в составе общего потока желтые тяжелые и синие легкие видимые фотоны станут двигаться с одинаковой скоростью.

Вместе взятые, желтые и синие видимые фотоны формируют в спектре полосу зеленого цвета.

И, наконец, третье совпадение величины Полей Отталкивания наблюдается в процессе формирования полосы ***фиолетового цвета***. Это цвет особый, так как в его состав входят не только видимые, но и ультрафиолетовые фотоны. Синие фотоны в составе фиолетового цвета относятся к видимому диапазону, а красные – к ультрафиолетовому. Итак, фиолетовый цвет составляют синие тяжелые видимые фотоны и красные легкие ультрафиолетовые. Синие тяжелые видимые фотоны творят в единицу времени наименьшее возможное количество Эфира, а исчезает в них Эфир с наибольшей скоростью из всех синих видимых фотонов. В результате они характеризуются наибольшими среди всех видимых фотонов Полями Притяжения. Красные ультрафиолетовые фотоны творят в единицу времени наибольшее возможное количество Эфира, а исчезает в них больше Эфира по сравнению с красными тяжелыми видимыми фотонами. Они характеризуются Полями Отталкивания, меньшими по величине, чем Поля Отталкивания красных тяжелых видимых фотонов. Из-за того что видимые синие тяжелые творят меньше Эфира, чем ультрафиолетовые красные легкие, но и исчезает в них меньше Эфира, у частиц обоих типов возникает в процессе инерционного движения одинаковое по величине Поле Отталкивания. В результате, в ходе инерционного движения от испустившего их химического элемента в составе общего потока синие видимые тяжелые и красные ультрафиолетовые легкие фотоны станут двигаться с одинаковой скоростью.

Вместе взятые, синие видимые и красные ультрафиолетовые фотоны формируют в спектре полосу фиолетового цвета.

Помимо упомянутых красных тяжелых и красных средней тяжести оптических фотонов, естественно, существуют и красные легкие видимые фотоны. Мы их не способны видеть. Однако они вместе с синими тяжелыми инфракрасными, которые мы тоже не видим, формируют фиолетовый инфракрасный цвет. Если бы мы могли его видеть, то он был бы таким же фиолетовым, как и видимый.

МЕХАНИЗМ ВОЗНИКНОВЕНИЯ СПЕКТРА

Давайте рассмотрим, что такое *спектр*, а также почему и как он возникает.

В физических экспериментах спектры обычно получают, пропуская свет либо сквозь призму, либо сквозь узкие щели или крошечные отверстия в плотном материале. На основании способа получения спектры бывают *призматические* и *интерференционные*.

Спектр – это видимый на экране ряд из шести цветов, плавно переходящих один в другой. Спектр образован видимыми фотонами различного качества.

Как уже говорилось, световой луч – это путь, проходимый видимыми фотонами (элементарными частицами – в более широком смысле) в среде. Иначе можно сказать, что это путь, «прожигаемый» видимыми фотонами (элементарными частицами). Причем, фотоны (элементарные частицы) в составе светового луча, испускаемого источником света, движутся все вместе. Это означает, что видимые фотоны разного качества не движутся разными путями. Тогда почему на экране мы видим полосы разного цвета? Потому что происходит следующее.

Вначале рассмотрим механизм разложения света при помощи стеклянной треугольной призмы. И.Ньютон использовал в своих опытах именно такие призмы. Треугольная призма имеет три вершины и три основания. Призму в опыте располагали одной из вершин вниз, а противолежащим ей основанием вверх. Как мы помним, фиолетовая полоса в спектре лежала на экране ближе к основанию, а красная – ближе к вершине.

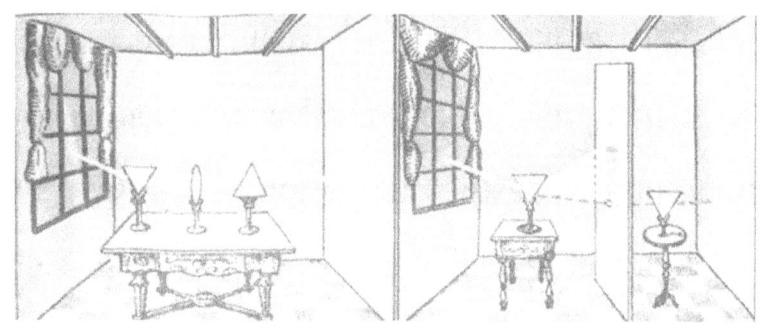

Опыт И. Ньютона по разложению светового луча в спектр

Основание призмы содержит больше химических элементов, чем вершина. Поэтому суммарное гравитационное поле у основания призмы больше, чем у ее вершины. Именно этот факт наряду с ограничением количества света, падающего на призму, становится причиной появления на экране радужных полос – спектра. Объяснение достаточно простое. Мы уже приводили его ранее. Повторим в общих чертах.

Химические элементы стекла, из которого состоит призма, – кремний, кислород и примеси металлов. Кремний и примеси металлов характеризуются наибольшими Полями Притяжения по сравнению с кислородом.

Химические элементы стекла призмы создают Силу Притяжения в фотонах, входящих в призму. Соответственно, суммарная Сила Притяжения к основанию призмы оказывается больше Силы Притяжения к ее вершине, так как общее число элементов в основании больше. Сила Притяжения со стороны вершины невелика. Она ослабляет действие Силы Притяжения основания, но столь незначительно, что почти незаметно.

У каждого фотона, входящего в вещество призмы, есть Сила Инерции, двигающая его вперед. Причем, как уже говорилось в теории цвета, существуют фотоны трех основных цветов: синего, желтого и красного – с разной величиной количества разрушаемого Эфира. При движении в составе общего потока у видимых фотонов разного качества оказывается разная по величине Сила Инерции. Сила Притяжения и Сила Инерции взаимодействуют в каждом фотоне в соответствии с Правилом Параллелограмма. Равнодействующая Сила оказывается диагональю параллелограмма, выстроенного на векторах обеих Сил как на сторонах. В итоге каждый фотон отклоняется на строго определенный угол в соответствии с направлением вектора равнодействующей Силы. И результат этого отклонения мы можем наблюдать на экране в виде спектра, где фотоны с разной Силой Инерции отклоняются от первоначальной траектории на свой собственный угол.

Мы можем наблюдать разделение светового луча на спектр, потому что в призму входит очень небольшое количество видимых фотонов. Помните, в опыте мы ограничиваем количество света, проделывая отверстие в плотной шторе? Если бы призму освещал дневной уличный свет, мы бы не увидели на экране спектр. Объясняется это тем, что яркость суммарного пропускаемого и отражаемого света при дневном освещении была бы столь велика, что превышала бы порог различения для нашего зрительного анализатора. Такой яркий свет мы характеризуем как *белый*.

Теперь давайте разберем, как возникают спектры в дифракционной и интерференционной картинах.

Вот *описание интерференционной картины.* «Если использовать белый свет, представляющий собой непрерывный набор длин волн от 0,39 мкм (фиолетовая граница спектра) до 0,75 мкм (красная граница спектра), то интерференционные максимумы для каждой длины волны будут… смещены друг относительно друга и иметь вид радужных полос. Только для *m* = 0 (*m* – это максимум, – прим. авт.) максимумы всех длин волн совпадают, и в середине экрана будет наблюдаться белая полоса, по обе стороны которой симметрично расположатся спектрально окрашенные полосы максимумов первого, второго порядков и т.д. (ближе к белой полосе будут находиться зоны фиолетового цвета, дальше – зоны красного цвета)» (Т.И.Трофимова, «Курс физики», стр. 279).

А вот описание *дифракции Фраунгофера на одной щели*. «При освещении щели белым светом центральный максимум имеет вид белой полоски; он общий для всех длин волн (при $\varphi = 0$ разность хода равна нулю для всех λ). Боковые максимумы радужно окрашены, так как условие максимума при любых **m** различно для разных λ. Таким образом, справа и слева от центрального максимума наблюдаются максимумы первого…, второго… и других порядков, обращенные фиолетовым краем к центру дифракционной картины. Однако они настолько расплывчаты, что отчетливого разделения различных длин волн с помощью дифракции на одной щели получить невозможно» (Т.И.Трофимова, «Курс физики», стр. 291).

В стеклянной призме проводящей средой для видимых фотонов были элементы кислорода, входящие в состав стекла. А в отверстиях и щелях, проделанных в плотном материале, – главным образом, азот воздуха. Однако причина возникновения и призматического спектра, и дифракционно-интерференционного одна и та же – гравитационные поля химических элементов. В призме это притяжение со стороны преобладающего числа элементов в основании. А в отверстии или щели это притяжение со стороны химических элементов воздуха, сочетающееся с ослаблением потока света за счет притяжения фотонов элементами плотного материала, в котором отверстия проделаны.

Любая дифракционно-интерференционая картина – это проекция на экран химических элементов, заполняющих щели или отверстие. Темные участки соответствуют расположению химических элементов. Спектр мы можем наблюдать только вследствие того, что узкая щель (или отверстие) пропускает довольно мало видимых фотонов, значительная часть их к тому же поглощается элементами материала, в котором проделана щель (или отверстие). Именно ослабление светового потока дает нам возможность заметить, как химические элементы щели (отверстия) отклоняют своим притяжением движущиеся фотоны. Фотоны движет Сила Инерции. Конкуренция Силы Инерции и Силы Притяжения со стороны каждого химического элемента в щели или отверстии приводит к возникновению равнодействующей Силы. Вектор этой Силы укажет направление, в котором станут двигаться фотоны. Так и возникают радужные максимумы на экране.

КНИГА Б.И. СПАССКОГО «ФИЗИКА В ЕЕ РАЗВИТИИ»

***Мне показалось очень ценной мысль о том, что **всякое движение можно представить состоящим из круговых и прямолинейных движений**. Согласно книге Спасского, так предполагали древние ученые. Я тоже часто об этом думала.

***Так вот откуда идет принцип относительности. Вот почему он так важен для науки! Теперь я понимаю его истоки. Он возник в связи с необходимостью определения местоположения Земли во Вселенной. Солнце движется по небосводу и людям казалось, что это оно бегает по небу, а Земля покоится.

Аристотель подразделял все движения тел на естественные и насильственные. Естественно – падение тел на землю. Насильственно –

толкание тела. Причина падения тел в самих телах, которые стремятся занять свое место на земле.

«Аристотель не знал закона инерции и полагал, что всякое «насильственное» движение, даже равномерное и прямолинейное, происходит под действием силы. При этом он считал, что сила пропорциональна не ускорению, как это установил впоследствии Ньютон, а скорости» (Спасский, «Учение Аристотеля о движении»). Но вот здесь то можно и поспорить. И со Спасским, и с Ньютоном, и встать на защиту мнения Аристотеля. Мы уже много говорили об этом в Части, посвященной эфирной механике. Ньютон не прав… Во-первых, ускорение – это все же исследование скорости, а никакой иной величины. Потом – сила действительно пропорциональна скорости тела в каждый конкретный момент времени. А ведь так и следует изучать силу – в каждый момент времени. Она меняется. И в следующее мгновение она может быть уже иной. В-третьих. Ускорение тел происходит только при их падении. А при обычном, так называемом, «насильственном» движении, тела будут двигаться с той скоростью, которое сообщает им двигающее их другое тело. А в ходе инерционного движения вообще происходит замедление. Так что насчет приписывания силе только ускорения – здесь Исаак поторопился с выводами, несомненно.

Аристотель, конечно, тоже был не во всем прав. Он полагал, что двигаться по инерции тело заставляет воздух, природе которого свойственно это делать – двигаться и двигать. Но не прав он был лишь в том, что воздух якобы является причиной инерционного движения. Но он прав в том, что воздуху, как и другим газообразным телам, присуща способность к движению – инерционному, кстати. Если привести в движение молекулу газа, ее нелегко остановить. Мы писали об этом в статьях, посвященных инерции. Она будет очень медленно замедляться, и будет продолжать двигаться и двигаться. Сталкиваться с другими молекулами и телами, отскакивать. Так и возникает турбулентность – турбулентные потоки, вихри. Так возникает подъемная сила самолетов, вертолетов и других летательных аппаратов. Газы в гораздо большей мере способны сохранять состояние самоподдерживающегося движения, нежели жидкости или плотные тела.

Но все же газы не могут так хорошо перемещать другие тела как, например, плотные тела. Ведь для того, чтобы перемещать другие тела, нужно не изменять направление Силы Инерции – потока энергии, вырывающегося из частиц, и заставляющих их двигаться. А тут силе инерции движущегося газа приходится конкурировать с силой притяжения, которая приковывает к месту тело, которое и нужно сдвинуть. И если эта сила инерции по модулю меньше, она не может толкнуть тело. Но ведь газ так просто не остановишь. Его молекулы разворачиваются и устремляются в том направлении, где им ничего не мешает, где нет твердых или жидких тел. Т.е. отскакивают от тела. В этом вся и суть. Ведь инерционность частиц Ян – равноускоренная. А в химических элементах газов частиц Ян очень много.

Так что природа воздуха действительно очень подвижная. Но двигать тела он не может так легко. И уж, конечно, не может быть причиной инерции.

Однако причина инерции – это действительно сила. Но не сила тяжести, и не сила давления, а сила инерции. Да, да, такая есть. Сила – это всегда эфирный поток. Куда движется эфир, в том направлении и действует сила. Эфир, выходящий из частицы, движущейся относительно эфирного поля, встречает эфир. В итоге он толкает и этот эфир, и саму частицу.

Так что в итоге инерционного движения – сила. Сила Инерции.

Но вернемся к нашим баранам – к принципу относительности. Это уж потом в 20 веке Эйнштейн зачем то включил в это принцип и время, до ужаса все усложнив. Но изначально принцип относительности рассматривался учеными древнего мира и средних веков, с целью выяснить истинное местоположение

Земли во Вселенной. Солнце, Луна и звезды бегают по небосводу. Значит, Земля в центре покоится, а они движутся вокруг нее. Но в соответствии с принципом относительности, может, мы просто не ощущаем движения Земли из-за медленного ее вращения. При этом именно Земля совершает в пространстве солнечной системы все эти движения – вращения и обращения, которые и являются причиной круговорота Солнца, звезд и Луны. Ведь так оно и есть в действительности.

АНАЛИЗ ОПЫТА С МАГДЕБУРГСКИМИ ПОЛУШАРИЯМИ

«Немецкий физик Отто фон Герике (1602 – 1686) убедительно показал, что атмосферный воздух имеет вес. Герике изобрел воздушный насос, при помощи которого воздух выкачивали из сосуда, так что давление воздуха снаружи сосуда становилось больше, чем внутри. В 1654 году по заказу Герике был изготовлен прибор, состоящий из двух медных полушарий (чтобы соединение было плотным, между полушариями помещали кожаное кольцо, пропитанное раствором воска в скипидаре). Соединив эти полушария, Герике откачал из полученного шара воздух. Наружный воздух давил на полушария и удерживал их вместе, так что их не могли разъединить упряжки лошадей, изо всех сил тянувшие полушария в разные стороны. Когда же Герике впускал в шар воздух, полушария распадались сами. Этот опыт вошел в историю науки как **опыт с «магдебургскими полушариями»** (Айзек Азимов «Путеводитель по науке»).

Я не считаю, что этот опыт демонстрирует вес атмосферного воздуха. Данный опыт наглядно показывает не давление атмосферы, а наличие гравитации между двумя медными полушариями. Но давайте все по порядку.

Воздух, как все газы, имеет очень малый вес – т.е. массу. Силовые Поля элементов состоят из зон с Полями Отталкивания и с Полями Притяжения. Притяжение – это масса, отталкивание – антимасса. Элементы газов слабо поглощают эфир, зато значительно испускают. Из-за этого воздух слабо притягивается и не давит своим весом. Т.е. давят не сами элементы и молекулы газа. Давит испускаемый ими эфир. А у свободного эфира есть способность – проходить сквозь частицы, тела, и нагревать их.

Т.е. давление воздуха – это давление не за счет его веса, а за счет антивеса. Давят не сами молекулы и элементы, а испускаемый ими эфир.

И давление атмосферного воздуха совсем не такое сильное, как это представляют ученые. Иначе бы нас давно расплющило.

Но если не давление атмосферы является причиной сцепления друг с другом двух медных полушарий, тогда что же?

Ответ – гравитация.

Сила Притяжения между двумя металлическими полушариями столь велика, что их не могли разъединить упряжки лошадей, тащившие в разные стороны.

Но почему же тогда эта Сила Притяжения никак не проявляла себя, когда между полушариями не было вакуума – их заполнял воздух?

Да как раз потому и не проявляла, что притяжению препятствовал воздух. Воздух характеризуется Полями Отталкивания – испусканием эфира. Когда воздух заполняет сферу, он экранирует своим эфиром Поля Притяжения элементов меди. И их Сила Притяжения нейтрализуется Силами Отталкивания.

Вот поэтому вакуум между телами всегда создает предпосылки для выявления их реальных Полей Притяжения.

А давление атмосферного воздуха тут совсем не при чем.

МЕХАНИЗМ ИЗЛУЧЕНИЯ СВЕТА НЕБЕСНЫМИ ТЕЛАМИ

Давайте объясним причины, по которым небесные тела излучают свет (электромагнитные волны, элементарные частицы).

Солнце – это такая же «планета», как и наша Земля. В том смысле, что принцип его строения точно такой же. В центре – плотное ядро, которое окружено разреженными газовыми оболочками. У Солнца (и других звезд, а также небесных тел более крупного масштаба), в отличие от маленьких планет, и само плотное тело в центре, и газовые оболочки раскалены из-за трансформации гравитацией. Значительное количество вещества (химических элементов), собранное в составе звезды, дает значительную по величине степень трансформации. Что и объясняет огромные температуры на Солнце, и на любом другом небесном теле, чей размер сравним с размерами звезды или превышает его. Из-за огромной гравитации скорость поступления избыточного эфира в частицы очень велика. Из-за чего велика и степень трансформации. А степень трансформации частиц – это и есть величина их температуры. Напомним, что трансформация частицы - это изменение внешнего проявления ее качества.

Если у частицы Поле Притяжения, то оно уменьшается, и даже может стать Полем Отталкивания. Если Поле Отталкивания – то оно возрастает. Уменьшение Поля Притяжения – это уменьшение скорости поглощения эфира. Заметьте, не разрушения в частице эфира, а именно его поглощения. А увеличение Поля Отталкивания – это увеличение скорости испускания эфира.

Подобное изменение качества частиц приводит к тому, что в них уменьшается Сила Притяжения к данному небесному телу. Это заставляет частицы отдаляться от его центра.

Степень трансформации любой частицы зависит от соотношения в ней количества разрушаемого и творимого эфира.

Весь смысл трансформации сводится к тому, что у частицы появляется шанс испустить этот возникающий в ней эфир, который обычно в ней же и разрушается. В частицах всегда в первую очередь разрушается тот эфир, что в них и возникает. А если в частицу входит избыточный эфир, то возникающий в ней эфир может и не разрушиться.

Конечно, все точно зависит от того количества эфира, что должно в частице разрушиться.

Для того, чтобы частица покинула небесное тело, необходимо чтобы у нее возникло Поле Отталкивания.

А для того, чтобы у частицы возникло Поле Отталкивания, нужно, чтобы поступающий в нее внешний избыточный эфир полностью удовлетворял ее потребности в разрушаемом эфире, с тем, чтобы творимый эфир мог испускаться.

Таким образом, чем больше скорость творения в частице эфира и меньше скорость разрушения, тем больше вероятность того, что у нее появится Поле Отталкивания или увеличится, если оно уже было.

Казалось бы, частицы красного цвета имеют наибольшие шансы на то, чтобы покинуть небесное тело первыми. Причем, независимо от того, к какому подплану и к какому Плану они относятся. Ведь у них Поле Отталкивания и вне трансформации. Но нет, все оказывается не так просто. И очень важно, к какому Плану и к какому подплану относится частица кранного цвета.

И происходит так, что частица синего цвета, не относящаяся к верхним уровням какого-либо Плана имеет большие шансы покинуть небесное тело, нежели частица красного цвета.

Но почему?

А потому, что скорость разрушения эфира у этой синей частицы может оказаться несравнимо меньше таковой у красной частицы. Из-за чего красной частице не помогает даже ее большая скорость творения эфира. И при одной и той же скорости поступления внешнего избыточного (трансформирующего) эфира, Поле Отталкивания у синей частицы может оказаться больше, нежели у красной. А все из-за того, что синяя относится к верхним уровням Плана, а красная – к нижним.

Поэтому можно сделать простой вывод.

В первую очередь из-за трансформации гравитацией небесные тела стремятся покинуть и покидают частицы самых верхних подпланов высших Планов.

В данном случае речь идет о частицах тех Планов, из которых построено небесное тело. Частицы самых разных Планов можно встретить в составе небесных тел – даже самых высших – 5 и 6, Атмического и Монадического. Однако пребывание их там кратковременно.

Вообще следует отдавать себе отчет в том, что частицы всегда входят в состав тел каких-то сущностей. Телеологический подход, существующий ныне в науке, и служащий ее визитной карточкой, отрицающий наличие разума в силах Природы, где-либо, кроме людей и животных, на самом деле совершенно неприемлем. Вот бы удивились доценты и академики, узнай они, что электромагнитные волны, будучи частицами, также наделены сознанием.

Сознание есть везде и во всем, в любом химическом соединении, даже в луже воды.

И вообще, если тело невидимо глазу, разрежено или нагрето до высокой температуры, это не означает, что это тело не живое – т.е. не обладает сознанием.

Солнце также включает огромное число сознательных сущностей – просто их тела огненные, не имею постоянной формы. Там речь идет о коллективном разуме.

ПЕРЕОСМЫСЛЕНИЕ ОПЫТА МАЙКЕЛЬСОНА И МОРЛИ

«К началу XIX века стало совершенно ясно, что Земля, Солнце, звезды — а фактически и все другие космические объекты — находятся в непрерывном движении. Но где в таком случае располагается точка отсчета, или «точка абсолютного покоя», на которой строятся все классические законы физики Ньютона? Одно из возможных объяснений, выдвинутых самим Ньютоном, состояло в том, что сама «ткань» Вселенной (скажем, тот же эфир) находится в состоянии покоя, и ее можно охарактеризовать как «абсолютное пространство». А если эфир «неподвижен», то с ним можно сопоставить «абсолютное движение» любого объекта.

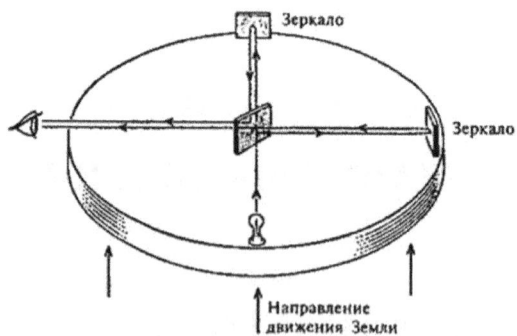

Интерферометр Майкельсона. Полупрозрачное зеркало (*в центре*) делит световой поток на две части — одну отражает под прямым углом, а вторую пропускает без изменения. Если бы после отражения от неподвижных зеркал, расположенных под углом 90° (*справа и прямо перед вами*), лучи возвратились бы со сдвигом во времени, то наблюдатель зафиксировал бы соответствующий сдвиг по фазе

В 1880-х годах А. Майкельсон разработал блестящую методику для осуществления такого эксперимента. Если Земля и в самом деле движется сквозь неподвижный эфир, решил ученый, то луч света, посланный в направлении ее движения и отраженный обратно, должен пройти этот путь быстрее, чем такой же световой луч, направленный под углом 90 градусов. Для выполнения этого эксперимента Майкельсон изобрел интерферометр, прибор с полупрозрачным зеркалом, через которое часть света проходила насквозь, а другая часть отражалась под прямым углом. Далее оба луча, отраженные от поставленных на их пути зеркал, фиксировались наблюдателем, расположившимся рядом с источником света. Если бы один из этих лучей распространялся немного быстрее, чем другой, то в результате их смещения по фазе в конечной точке должна наблюдаться интерференционная диаграмма. Интерферометр весьма чувствителен к разнице во времени хода лучей — настолько, что способен фиксировать посекундный рост растений и даже диаметр звезд, которые выглядят безразмерными точками в самый мощный телескоп.

Идея Майкельсона заключалась в том, чтобы уловить интерферометром изменения в ходе лучей, по-разному направленных относительно движения Земли, и количественно определить величину этого расхождения.

В 1887 году, с помощью американского химика Э. Морли, Майкельсон разработал и осуществил чрезвычайно чувствительный вариант такого опыта. Установив свой чувствительный интерферометр на поверхности жидкой ртути, где тот плавно и без труда поворачивался в любом направлении, они спроектировали несколько световых лучей, разнонаправленных относительно движения Земли. И не обнаружили практически никакой разницы в их поведении! Интерференционные диаграммы имели абсолютно одинаковый вид независимо от направления лучей и числа проведенных измерений. (Следует заметить, что те же отрицательные результаты дали и недавно проведенные эксперименты — по той же методике, но с более чувствительными детекторами.)

Этот опыт поколебал самое основание классической физики. Либо сам эфир перемещался вместе с Землей, что было лишено всякого смысла, либо никакого эфира просто-напросто не существовало. В любом случае не было никакого «абсолютного движения» или «абсолютного пространства». Таким образом, классическая физика оказалась «голым королем» из сказки. Ньютоновская физика справлялась с миром обычных расстояний и скоростей: движения планет по-прежнему подчинялись законам притяжения, а земные объекты — законам инерции и действия-противодействия. Но оказалось, что классических объяснений недостаточно и существуют явления, неподвластные классическим правилам. Накопившиеся факты — как старые, так и новые — требовали принципиально нового подхода и объяснения» **(Айзек Азимов, «Путеводитель по науке», Глава 7, Волны)**.

Этот известный опыт в действительности достаточно нелеп, поскольку основан на совершенно неверных представлениях о природе эфира и пространства. А если учитывать еще и ошибочное представление о сути механизма работы интерферометра, тогда назначение и результаты эксперимента кажутся весьма спорными.

Однако опыт был проведен, и его итоги должны быть пересмотрены, под иным углом зрения, который поможет лучше понять смысл происходящего.

Помимо этого, для проведения эксперимента Майкельсон создал замечательный прибор – интерферометр, который принес и приносит ученым огромную помощь. Единственно, что нужно заметить – не до конца верно истолкован механизм его действия.

Планируя эксперимент, который был призван доказать либо существование, либо отсутствие эфира – светоносной субстанции, разлитой повсюду в пространстве – Майкельсон и Морли, вероятно, опирались на те его характеристики, информация о которых пришла от философов и ученых, живших ранее, до них. С одной стороны эфир представляли плотным и способным оказывать давление на тела. А с другой стороны – прозрачным и проницаемым для всех видов веществ. С этими характеристиками мы абсолютно согласны. Однако эфиру приписали еще и третье свойство, на наш взгляд, ошибочное – а именно, неподвижность. В частности, об этом писал И. Ньютон. Но не только он.

На наш взгляд, с понятием «эфир» произошло то же, что происходило со многими другими терминами до него и после. Смешение понятий.

Существует пространство, пространственная ткань, первооснова, Материя. И есть измененное состояние этой пространственной ткани, рябь на ее «поверхности» - Свет, Дух, Энергия. Что из этого считать и называть эфиром?

Пространство – это «вода», а частицы и энергия – это волны на ней. Частицы и энергия не испытывают никаких затруднений, перемещаясь по пространству. А вот друг с другом они могут сталкиваться. Пространство абсолютно прозрачно для вещества – для частиц.

Свободная энергия тоже прозрачна для движущихся в нем частиц. Но при этом она меняет - трансформирует – их внешнее проявление качества.

Энергия способна давить на частицы, как и сами частицы друг на друга. Но при этом энергия может и просто проходить сквозь частицы, трансформируя при этом их внешнее проявление качества. В науке это явление именуется нагревом.

Пространственная ткань неподвижна. Энергия подвижна и текуча.

Так что же именовать эфиром?

Пространство или энергию?

Вероятно древние греки, употребляя это понятие, подразумевали под ним одновременно и то, и другое - т.е. пространство, облеченное в энергию, в Свет.

В данной серии книг мы чаще всего используем понятие «эфир» в качестве синонима для слова «энергия». Однако согласны и с тем, что оно подходит и для определения пространства с разлитым в нем светом.

Так или иначе, и Ньютон, и Майкельсон, и Морли не до конца верно понимали взаимоотношения пространства, энергии и частиц в нем. Скорее всего, они даже не осознавали, что энергия – это нечто реально существующее, и что в ней то все и дело. И что именно энергия способна как-то влиять на движущееся вещество, в частности, на фотоны, движение которых они исследовали. Они искали пространственную ткань. Но она абсолютно не влияет на движение вещества в ней, не тормозит его. Так что они искали совсем не то, что нужно. По существу, они искали энергию, сами того не ведая. Но энергия не неподвижна, в отличие от пространства. И наша планета не движется относительно энергии, относительно эфирного поля, назовем его так.

Эфирных полей во Вселенной великое множество. Точнее говоря, единое эфирное поле одно. Но все оно поделено на отдельные эфирные токи. На Поля Притяжения и Поля Отталкивания. На нашей планете основное направление движения эфира (энергии) – это к центру планеты. Так действует суммарное Поле Притяжения. Однако где-то в самых верхних слоях атмосферы эфир уже не движется вниз. Там начинается невесомость. Т.е. отсутствует движение эфира к планете. А все потому, что атмосфера сама производит эфир. И этого эфира хватает для обеспечения «эфирных нужд» плотной части планеты. И она не черпает их из окружающего космоса.

Это первое.

А второе – наша планета обращается вокруг Солнца и вращается вокруг своей оси, потому что ее притягивает Поле Притяжения Солнца. Это означает, что в пределах нашей солнечной системы основное направление эфирного потока – в направлении к Солнцу. Но не к его экваториальной части, а к полюсам. Так как на экваторе Солнца Поле Отталкивания. И

Поля Притяжения на полюсах. Так что наша планета движется не относительно эфирного поля, а вместе с ним. Вместе с Полем Притяжения, направленным к Солнцу.

Вот поэтому мы говорим, что вся постановка опыта Майкельсона-Морли изначально неверна.

Невозможно с помощью интерферометра обнаружить наличие эфирного ветра. Не давит эфир (энергия) на планету при ее движении. И все потому, что планета движется вместе с эфирным Полем Притяжения к Солнцу, а не относительно него. А само пространство, как мы говорили, давления на вещество оказывать не может.

Если уж и исследовать давление эфира (энергии) с помощью интерферометра, то располагать его тогда надо не перпендикулярно нормалям, проведенным в направлении центра Земли, а параллельно им Т.е. не горизонтально располагать прибор, а вертикально. Ведь эфир движется в направлении центра планеты. И давит сверху. Все остальные направления бесполезны.

К примеру, <u>атмосферное давление</u> – это не что иное, как эфирный ветер, давление эфира (энергии), которое упорно искали Майкельсон и Морли.

Вот и все доказательство неубедительности результатов, полученных в ходе описанных выше опытов, в которых учение хотели доказать существование или отсутствие эфира.

Однако остается еще один момент. Давайте остановимся на вопросе механизма работы интерферометра.

Приведем здесь текст нашей статьи **«Принцип работы интерферометра».**

«**Интерферометр** – это прибор, в основе действия которого лежит явление интерференции.

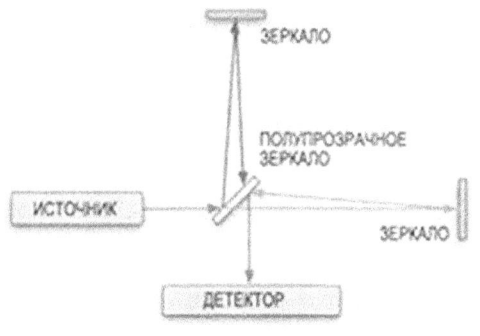

Как мы уже писали в статье **«Дифракция и интерференция»**, явление интерференции следует трактовать несколько иначе, нежели это принято ныне в научных кругах. Ученые полагают, что чередование светлых и темных полос на интерференционной картинке возникает из-за того, что пересекаются два световых луча, прошедших через два соседних очень маленьких отверстия, проделанных в плотном материале. И происходит якобы наложение гребней волн и ям. Там, где соединяются гребни, возникают светлые полосы, а там где ямы – темные. Вся эта теория с волнами кажется совершенно абсурдной. Ведь трехмерное пространство – это вовсе не гладь воды. Волны на жидкости возникают, потому что жидкость вытесняется другим телом – упавшим телом, движущимся воздухом, и прочим. А что может создавать такие волны в пространстве? Ума не приложим.

И почему тогда эта полосатая картинка возникает, только если отверстия или щели, проделанные в материале, очень малы? А если отверстия больше, чем маленькие, то почему наложения лучей не происходит, и полосатой картинки уже нет, а есть только два светлых пятна? И почему такая картинка образуется, даже если проделать всего одно отверстие, но тоже маленькое?

Мы предлагаем иное объяснение для явления интерференции и дифракции. Мы полагаем, что полосы на экране, установленном позади материала, в котором сделаны отверстия или щели, это проекция атомов воздуха. Большей частью, это азот, поскольку он более тяжелый, чем кислород, и поэтому больше притягивается плотным материалом, в котором сделаны щели. В щелях атомы располагаются неравномерно из-за гравитации со стороны материала. Ближе к краю щели атомов больше. Дальше – меньше. Свет, проходя через щель, притягивается веществом материала. Траектория его движения отклоняется. Чем ближе к краю щели проходят фотоны, тем выше там концентрация атомов воздуха, и тем более частыми будут на экране темные и светлые полосы. Там, где фотоны встречают на пути атомы, на экране возникает темнота - свет не проходит. Там, где фотон минует атом – возникает светлая полоса – фотоны прошли и достигли экрана. Все очень просто.

Любой фотон движется под действием Силы Инерции. Со стороны вещества материала на него действует Сила Притяжения. Эти две Силы образуют параллелограмм сил. И фотон отклонится в том направлении, в котором будет направлен вектор равнодействующей этих Сил – в соответствии с правилом параллелограмма. Диагональ – это и есть вектор равнодействующей. И чем меньше Сила Инерции фотона, тем в большей мере он отклонится в направлении вещества материала, под действием его гравитации, т.е. к краю щели. А там, как было сказано, больше плотность атомов воздуха. А значит, частота полос будет выше – длина волны меньше.

Чем большее расстояние проходят световые лучи в пространстве, тем в большей мере падает их Сила Инерции – они замедляются.

Отсюда следствие – **чем большее расстояние прошел один луч по сравнению с другим, тем меньше будет у него Сила Инерции. И тем больше такие фотоны станут отклоняться в направлении края щелей, там,** где плотнее воздух. И тем чаще будут располагаться полосы на интерференционной картине – длина волны будет меньше.

Когда два луча света, шедшие разными путями, соединяются, потоки фотонов сливаются. И в итоге более медленный поток, прошедший большее расстояние, уменьшает общую, суммарную скорость единого луча света. Из-за этого луч пройдет ближе к краям щелей. И это будет заметно на экране как уменьшение длины волны.

А если оба луча прошли равное расстояние, изменений в интерференционной картине не будет – длина волны не поменяется. Частота полос окажется прежней.

Интерферометры используются для оценки качества оптических поверхностей, для точных измерений в станко- и машиностроении.

И это не удивительно, что этот замечательный прибор нашел такое применение. Ведь любые уплотнения, любые неровности, встречающиеся на пути светового луча, замедляют его ход из-за уменьшения Силы Инерции. И значит, изменится и частота полос на картинке на экране.

Вот и все объяснение принципа работы интерферометра» (**«Эзотерическое естествознание», статья «Принцип работы интерферометра»**).

Как уже говорилось, его можно использовать для обнаружения эфирного ветра. Однако располагать его следует перпендикулярно к поверхности земли, т.е. вертикально, а не горизонтально, как это было в опыте Майкельсона и Морли. И лучше проводить опыт днем, когда давление

атмосферы у поверхности планеты выше. Давление эфира, движущегося сверху, действительно может затормозить движение вверх одного из лучей, который вначале движется горизонтально, а потом отклоняется вверх. В то время как луч, движущийся вначале горизонтально, а потом вниз, этого давления не испытает в такой мере. В итоге, луч, движущийся вверх, может ослабиться – т.е. уменьшить скорость. Что и будет замечено с помощью интерферометра.

ОПЫТЫ РЕЗЕРФОРДА ПО БОМБАРДИРОВКЕ ФОЛЬГИ ГЕЛИЕМ – ИССЛЕДОВАНИЕ СТРОЕНИЯ АТОМА

На протяжении 1906-1908 Резерфорд проводил опыты по бомбардировке тонкой металлической фольги (золотой или платиновой) потоком альфа-частиц. «Большая часть «снарядов» проходила через эти мишени без всяких отклонений, но бывали исключения. С помощью фотографических пластинок, помещенных за мишенями, Резерфорд обнаружил, что случались резкие изменения траектории частиц, которые намного отклонялись от центра. Это можно сравнить с ситуацией, когда пули отскакивают от непробиваемого объекта. Резерфорд пришел к выводу, что в центре атома имеется плотное и небольшое по размерам положительно заряженное ядро. При этом основная часть атомного пространства заполнена электронами, через разряженную массу которых альфа-частицы легко проникают. Но при столкновении с плотным ядром они резко меняют свое направление» (Айзек Азимов «Путеводитель по науке»).

С опытами не поспоришь. Но мы и не собираемся спорить. Напротив, мы очень рады тому, что Резерфорд провел так много информативных экспериментов, которые сейчас заново помогают нам переосмыслить строение химического элемента.

Мы согласны с самим опытом, но не согласны с некоторыми деталями толкования. В данном случае они не очень существенны. Но все же мы не можем оставить этот момент без комментария.

Речь пойдет о том, с чем же сталкиваются элементы гелия, когда отскакивают.

Нет, нет, мы не собираемся оспаривать тот факт, что они сталкиваются с химическими элементами вещества, из которого состоит металлическая фольга. Мы не согласны лишь с тем, что элементы гелия врезаются в само плотное ядро химического элемента. На самом деле они врезаются в «атмосферу», окружающую ядро. В легкие частицы, а также в свободные фотоны, накапливающиеся на химическом элементе, на его нуклонах. Среди них преобладают частицы Ян, испускающие эфир. Наилучшей способностью отталкивать обладают частицы, испускающие эфир. Поглощающие – Инь – напротив, стремятся не отпустить то, что к ним прилипло.

Так что в целом, мы не отрицаем объяснение Резерфорда о строении химического элемента. Мы лишь уточняем – плотное ядро в центре, и оно окружено легкими частицами.

Приведем цитату из статьи, написанной нами же:

«Ученые дали своей модели атома наименование – планетарная. И представили ее как плотное ядро, наполненное протонами и нейтронами (это Солнце) с летающими вокруг ядра электронами, олицетворяющими планеты.

Однако мы полагаем, что истинная планетарность химического элемента состоит в его соответствии не солнечной системе, а именно планете – любому небесному телу. В центре - плотное ядро, состоящее из тяжелых элементарных частиц (их конгломератов), так же, как в центре небесного тела сосредоточены плотные химические элементы. Мы и называем это плотное ядро планетой. По ней мы ходим. Такая мини-планета есть в центре любого химического элемента. А вокруг нее – атмосфера, состоящая из более легких конгломератов частиц – они соответствуют химическим элементам газам, из которых состоят атмосферы планет. Можно сказать, что есть более тяжелые протоны и есть более легкие. Точнее говоря, есть много разновидностей нуклонов, из которых состоит тело химического элемента. Так же как есть огромное число разновидностей химических элементов. На поверхности конгломератов частиц (нуклонов) накапливаются свободные частицы – фотоны – испускаемые солнцем или другими светящимися небесными телами, и попадающими на Землю, или любое другое небесное тело.

Легкие нуклоны и аккумулированные фотоны экранируют тяжелую, плотную часть химического элемента, так же, как легкие химические элементы и магнитосфера экранируют плотную и жидкую часть планеты. У легких нуклонов, так же, как и у легких химических элементов, очень много частиц Ян (с Полями Отталкивания). Среди фотонов также преобладают частицы Ян. Эфир, испускаемый этими частицами, нейтрализует Поле Притяжения плотной части – как химического элемента, так и планеты. В результате, проявление притяжения химического элемента или планеты уменьшается. Т.е. уменьшается масса – но не истинная, а проявляющаяся вовне» (Статья «Пересмотр опытов по отклонению частиц в магнитном поле. Ион водорода – это не протон»).

ПРИНЦИП РАБОТЫ ИНТЕРФЕРОМЕТРА

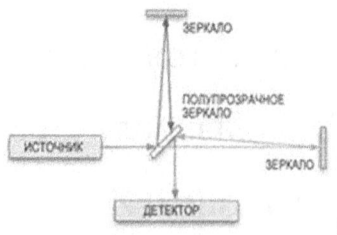

Интерферометр – это прибор, в основе действия которого лежит явление интерференции.

Как мы уже писали в статье **«Дифракция и интерференция»**, явление интерференции следует трактовать несколько иначе, нежели это принято ныне в научных кругах. Ученые полагают, что чередование светлых и темных полос на интерференционной картинке возникает из-за того, что пересекаются два световых луча, прошедших через два соседних очень маленьких отверстия, проделанных в плотном материале. И происходит якобы наложение гребней волн и ям. Там, где соединяются гребни, возникают светлые полосы, а там где ямы – темные. Вся эта теория с волнами кажется совершенно абсурдной. Ведь трехмерное пространство – это вовсе не гладь воды. Волны на жидкости возникают, потому что жидкость вытесняется другим телом — упавшим телом, движущимся воздухом, и прочим. А что может создавать такие волны в пространстве? Ума не приложим.

И почему тогда эта полосатая картинка возникает, только если отверстия или щели, проделанные в материале, очень малы? А если отверстия больше, чем маленькие, то почему наложения лучей не происходит, и полосатой картинки уже нет, а есть только два светлых пятна? И почему такая картинка образуется, даже если проделать всего одно отверстие, но тоже маленькое?

Мы предлагаем иное объяснение для явления интерференции и дифракции. Мы полагаем, что полосы на экране, установленном позади материала, в котором сделаны отверстия или щели, это проекция атомов воздуха.

Большей частью, это азот, поскольку он более тяжелый, чем кислород, и поэтому больше притягивается плотным материалом, в котором сделаны щели. В щелях атомы располагаются неравномерно из-за гравитации со стороны материала. Ближе к краю щели атомов больше. Дальше – меньше. Свет, проходя через щель, притягивается веществом материала. Траектория его движения отклоняется. Чем ближе к краю щели проходят фотоны, тем выше там концентрация атомов воздуха, и тем более частыми будут на экране темные и светлые полосы. Там, где фотоны встречают на пути атомы, на экране возникает темнота - свет не проходит. Там, где фотон минует атом – возникает светлая полоса – фотоны прошли и достигли экрана. Все очень просто.

Любой фотон движется под действием Силы Инерции. Со стороны вещества материала на него действует Сила Притяжения. Эти две Силы образуют параллелограмм сил. И фотон отклонится в том направлении, в котором будет направлен вектор равнодействующей этих Сил – в соответствии с правилом параллелограмма. Диагональ – это и есть вектор равнодействующей. И чем меньше Сила Инерции фотона, тем в большей мере он отклонится в направлении вещества материала, под действием его гравитации, т.е. к краю щели. А там, как было сказано, больше плотность атомов воздуха. А значит, частота полос будет выше – длина волны меньше.

Чем большее расстояние проходят световые лучи в пространстве, тем в большей мере падает их Сила Инерции – они замедляются.

Отсюда следствие – **чем большее расстояние прошел один луч по сравнению с** другим, тем меньше будет у него Сила Инерции. И тем больше такие фотоны станут отклоняться в направлении края щелей, там, где плотнее воздух. И тем чаще будут располагаться полосы на интерференционной картине – длина волны будет меньше.

Когда два луча света, шедшие разными путями, соединяются, потоки фотонов сливаются. И в итоге более медленный поток, прошедший большее расстояние, уменьшает общую, суммарную скорость единого луча света. Из-за этого луч пройдет ближе к краям щелей. И это будет заметно на экране как уменьшение длины волны.

А если оба луча прошли равное расстояние, изменений в интерференционной картине не будет – длина волны не поменяется. Частота полос окажется прежней.

Интерферометры используются для оценки качества оптических поверхностей, для точных измерений в станко- и машиностроении. И это не удивительно, что этот замечательный прибор нашел такое применение. Ведь любые уплотнения, любые неровности, встречающиеся на пути светового луча, замедляют его ход из-за уменьшения Силы Инерции. И значит, изменится и частота полос на картинке на экране.

Вот и все объяснение принципа работы интерферометра».

ПОНЯТИЕ ХИМИЧЕСКОГО ЭЛЕМЕНТА

Нет, конечно, это полнейшая ерунда - картина химического элемента, нарисованная

Менделеевым, его последователями, а также создателями ядерной физики, и принятая учеными современности.

Надо же было – посчитали число известных на момент создания таблицы химических элементов и объявили, что номер элемента соответствует числу протонов в ядре. И число протонов соответствует числу летающих вокруг ядра электронов. Это как-то наивно, по-детски. Протоны и нейтроны, несомненно, существуют. Из них и состоит тело химического элемента. А электроны, якобы летающие вокруг ядра, это фотоны солнечного происхождения, накапливающиеся на поверхности и между протонами и нейтронами. И их число очень велико. Оно вовсе не соответствует числу протонов и номеру элемента. Вовсе, поверьте.

Теперь о том, что такое **_протоны и нейтроны_**. Это реально существующие элементарные частицы. Но не истинно элементарные, т.е. по-настоящему неделимые. А, напротив, комплексные, состоящие из более мелких составных единиц – как раз из истинно элементарных частиц, которые в оккультизме именуются Душами, Колесами, Змиями, кусающими свой хвост (и т. д). Однако помимо протонов и нейтронов существует огромное число разновидностей комплексных частиц в составе ядра. Протоны и нейтроны состоят из частиц Физического Плана. А типов этих частиц, как известно, очень много. В составе Физического Плана очень много уровней. Каждый уровень – это спектр, состоящий из частиц синего, желтого и красного цветов. Точнее, спектром эти частицы становятся только в процессе их инерционного движения.

Возникают дополнительные цвета – оранжевый, зеленый и фиолетовый. Цвет обозначает количество творимого в частице эфира. В пределах Плана снизу вверх уменьшается количество исчезающего в частицах эфира. Вместе, количество творимого эфира и исчезающего, символизируют качество элементарной частицы.

И вот, частицы Физического Плана самого разного качества как раз и образуют тело любого химического элемента.

Из этих частиц образуются комплексные элементарные частицы. А из комплексных – сами химические элементы. Все очень просто. Т.е. комплексные частицы в составе химических элементов выполняют функцию мини-химических элементов.

Чуть изменяется качество и количество частиц в составе комплексной элементарной частицы – и – вуаля – перед нами уже другая частица, с другим названием. Но тоже в составе химического элемента. Отсюда - то огромное число вновь открываемых частиц в ядре.

Нейтроны действительно тяжелее протонов – их суммарное Поле Притяжения больше. Нейтроны – это аналог химических элементов металлов. У металлов тоже Поле Притяжения больше, чем у неметаллов. Именно поэтому металлы накапливают на себе больше свободных фотонов-электронов. Точно также и нейтроны.

Именно поэтому нейтроны – нейтроны, т.е. нейтральны. Слабо отклоняются в магнитном поле (которое есть гравитационное). Их Поле Притяжения сильно экранируется частицами с Полями Отталкивания – свободными фотонами.

Нейтронам помогает Центростремительное Поле Притяжения химического элемента – т.е. направленное к центру. Это Поле Притяжения поддерживает – суммируется. Но, как понимаете, когда нейтрон покидает элемент – вылетает из его состава – он лишается этой поддержки – величины его Поля Притяжения недостаточно, для того, чтобы удерживать на себе свободные фотоны. И они излучаются. Поэтому нейтрон очень недолго живет в свободном состоянии, не более 15 минут. Нейтрон превращается в протон. Точнее, не совсем в протон – а в частицу, лишенную свободных фотонов. Нейтрон после отделения от него фотонов, это все же не протон. Его Поле Притяжения больше, т.е. больше масса. Хотя и не намного. Вот потому и не заметна разница. Вообще сравнивать массы частиц – дело неблагодарное и трудное. Они так малы! Возможны ошибки и неточности.

Причина существования **_дефекта масс_** – это, несомненно, солнечные фотоны. Среди них преобладают фотоны Ян. Эти фотоны напитывают химический элемент, проникают в щели между частицами, накапливаются на поверхности. А в итоге, экранируют Силовое Поле элемента, уменьшая его проявление вовне. В то время как частицы, вылетающие из радиоактивных элементов (протоны, нейтроны и другие), по которым и изучают их строение, не несут на себе много фотонов, и кроме того, теряют их. А в итоге, увеличивается их масса, которая изучается по степени отклонения в магнитном поле. Вот и выходит, что масса частиц вне химического элемента проявляется сильнее. Однако тема массы частиц и химических элементов не так проста для понимания, как это может показаться.

АНАЛИЗ ПЕРИОДИЧЕСКОЙ СИСТЕМЫ Д. МЕНДЕЛЕЕВА – ЧАСТЬ 1 – НА ЧТО УКАЗЫВАЮТ ГРУППЫ И ПЕРИОДЫ

Наконец-то я приступаю к анализу таблицы химических элементов – замечательного творения русского ученого Дмитрия Ивановича Менделеева.

Писать критические статьи, касающиеся научных проблем и вопросов, весьма непросто в нашем мире, настроенном весьма консервативно, и чаще всего исповедующем принцип – лучше старое, пусть и не всегда верное, нежели новое, непривычное и незнакомое, в котором нужно еще разбираться. Но, так или иначе, я осмелюсь нарушить привычное и устоявшееся течение современной химической мысли.

В 1869 году Дмитрий Иванович Менделеев и немецкий ученый Л. Мейер предложили свои варианты таблицы элементов. Они были основаны на сделанных ранее догадках де Шанкуртуа и Ньюлендса. Научное сообщество признало вариант именно Д. Менделеева.

«…периодическая таблица Менделеева (названная так за периодическое чередование элементов со сходными химическими свойствами) имела более сложный вид, чем аналогичная таблица Ньюлендса, и более сходную форму с той, которая повсеместно принята в наше время. Во-вторых, когда свойства того или иного элемента заставляли Менделеева помещать элемент вне принятой последовательности атомных весов, он смело шёл на изменение формального порядка, исходя из определяющей роли химических свойств, а не атомного веса. И всякий раз он оказывался абсолютно прав. Скажем, теллур, имевший атомный вес 127,61, по величине своего веса должен стоять после йода, чей атомный вес 126,91. Но Менделеев разместил его перед йодом, в колонке под селеном, который имеет сходные с теллуром свойства, а йод оказался под родственным ему бромом. И самое важное: там, где в таблице не хватало элементов для заполнения ячеек, Менделеев, не колеблясь, оставил свободные места, дерзко предвосхитив будущие открытия новых элементов» (Айзек Азимов «Путеводитель по науке», Физические науки).

Различных типов химических элементов на Земле и во Вселенной так много.

Несомненно, подобная классифицирующая таблица была очень нужна человечеству, которое ежедневно и ежемоментно сталкивается и работает с великим множеством из них. И сами наши тела состоят из них. Так что знать и разбираться в разновидностях элементов – не просто желательно. Это насущная необходимость. Наша святая обязанность. Так мы лучше узнаем наш мир, Вселенную, себя. Поймем устройство и предназначение всего, что встретим. И поэтому очень важно разработать точную и понятную классификацию химических элементов. Таблица Д. Менделеева – это уникальное и прекрасное начинание. Однако оно требует доработки. Периодическая система элементов нуждается в дальнейшем развитии, как и многое в науке.

Самое главное в любой классификации – это систематизирующий признак, в соответствии с которым характеризуются изучаемые элементы. Очень важно выбрать верный. В противном случае классификация будет неточной, неполной, а то и вовсе неверной.

Выбрав в качестве классификационного признака атомный вес химических элементов, химики 19 века, несомненно, поступили правильно. Самое любопытное заключается в том, что уточнив фактор систематизации, и взяв за основу величину положительного заряда элемента, ученые также поступили верно. Ведь положительный заряд и масса – это одно и то же в соответствии с нашими представлениями.

Как так получилось, что плотные металлы оказались легче газов? Я говорю про элементы 1 периода. Например, элементы начальных групп – литий, бериллий, бор, углерод считаются легче азота, кислорода, фтора и даже инертного газа неона. На мой взгляд, это нонсенс. Ведь чем разреженнее агрегатное состояние вещества, тем меньше его плотность. А тут получается наоборот. Более плотные металлы легче легчайших газов. Как же неаккуратно ученые измеряли массу химических элементов. В данном случае, логика и здравый смысл были принесены в жертву желанию сохранить и использовать периодическую таблицу Д. Менделеева. Она очень удобна – я согласна с этим фактом. Я сама ей пользуюсь постоянно и не собираюсь отказываться. Однако классифицирующий признак, а точнее, признаки, таблицы в годы ее создания и позднее, были установлены не совсем верно. Они не были доработаны. ***Химические элементы просто пересчитали,*** *и в соответствии с номером в таблице, присвоили им номер положительного заряда и определили число электронов на орбиталях вокруг ядра. Как-то это очень наивно и по-детски. А если откроют более лёгкие элементы, чем водород – что тогда? Тогда рухнет вся эта концепция. В один миг.*

При изучении и классифицировании всех открытых химических элементов за основу взяли их способность притягиваться – вначале это была масса. Сравнивали массы плотных элементов. Потом стали изучать отклонение в магнитном поле – и за основу взяли заряд.

Однако мы вам неоднократно, очень подробно, и на наш взгляд, убедительно, доказывали, что гравитационное поле и магнитное – это одно и то же. А масса – это одна из сторон заряда, качества. Качество – это заряд. Качество двояко. Инь – Ян.

Положительный заряд – отрицательный. Масса-антимасса.

Нельзя изучать и классифицировать все элементы только в соответствии с величиной их массы, иначе, с величиной положительного заряда ядра.

Нужно обязательно учитывать общую особенность их Силовых Полей, проявляющихся вовне. Нужно принимать в учет размеры элементов. Их химические свойства. И все физические.

Химические элементы как планеты – их большие размеры могут в какой-то мере объясняться толстым слоем атмосферы. Взгляните на планеты-гиганты, к примеру. Они гиганты еще и потому, что у них очень толстые атмосферы. Легкие частицы экранируют тяжелые, что внутри, ближе к центру, искажая наше представление о реальном качестве химического элемента (как и планеты). Сколько там частиц и какого качества? Химический элемент (или планета) с большим радиусом может либо состоять из большого числа тяжелых частиц (или элементов). Либо в нем много легких, разреженных. И потому его радиус велик.

В химических элементах притягивающие частицы соседствуют с отталкивающими. И мы уже не можем судить только о массе. Масса проявляется одновременно с антимассой. Притяжение вкупе с отталкиванием. Это меняет поведение элементов в магнитном поле. Отсюда все ошибки, которые имеют место при определении заряда в магнитном поле.

Элементы могут иметь схожую массу. Но при этом их качественно-количественный состав частиц будет абсолютно разным.

Один химический элемент может иметь в своем составе много нуклонов, но они будут содержать больше легких частиц. А другой может иметь меньше нуклонов, но при этом на поверхности элемента будет много частиц синего цвета, которые увеличивают суммарное Поле Притяжения. Так что можно ошибочно отнести элемент с меньшим количеством вещества к более нижележащему периоду, чем это есть на самом деле.

Взвешивание и измерение степени отклонения в магнитном поле – это важные факторы оценки качества химических элементов, но далеко не единственные. Нужно об этом помнить.

В действительности, даже сейчас, у периодической системы два классифицирующих признака. Один – всем известен. Это масса, или положительный заряд.

А второй – это выраженность металлических или неметаллических свойств. Сочетание этих двух факторов – масса (положительный заряд) и металличность/неметалличность – и определяет положение химического элемента в таблице и его химические свойства. Но говорить так – не совсем верно. Правильнее будет использовать те классифицирующие признаки, которые предложим вам мы. Вы можете принять их в качестве рабочей гипотезы, и проанализировать на их основе периодическую таблицу и все имеющиеся элементы, особое внимание уделив их химическим свойствам и физическим свойствам веществ, включающие в свой состав эти элементы.

Вот эти два признака или фактора.

Первый из них.

Общее количество вещества в элементе. Сколько всего частиц и какого качества.

Общая качественно-количественная характеристика всего тела химического элемента. Это означает, что вот, есть тело химического элемента. Он как мини-планета. И нас интересует, сколько в нем элементарных частиц, и какого они качества. Сколько частиц с Полем Притяжения, и какова величина этого Поля у каждой из них. А также, сколько частиц с Полем Отталкивания и какова скорость истечения эфира у каждой. Частицы в химических элементах собраны в конгломераты – нуклоны - протоны, нейтроны и другие. Как мы можем точно установить, сколько всего частиц в химическом элементе, и какие они? Думаю, это трудная задача. Однако сама периодическая таблица уже частично отвечает на этот вопрос. Верхние периоды – мало частиц в составе элементов. Нижние – много. Чем выше период, тем меньше общее число частиц.

Чем ниже – тем больше. Но не путайте малое количество вещества с малой массой. Я знаю, такая традиция – называть количество вещества при помощи понятия «масса» пошла со времен И. Ньютона, это он так делал. И авторитет, конечно, давит. Но нужно осознавать, что масса – это не количество вещества. Масса – это Поле Притяжения. А кроме него есть еще и Поле Отталкивания.

Можно сказать, ***общее количество вещества (нуклонов) – вот первый классифицирующий фактор.*** Их число и качество обуславливает общие особенности Силового Поля химического элемента. Поле Притяжения какой величины имел бы химический элемент, не будь у него поверхностных слоев.

А вот ***второй фактор, важный для классификации - это как раз «внешний узор»*** *химического элемента, особенности качества его поверхностных слоев.* В данном случае для нас важно качество нуклонов, слагающих поверхностные слои элемента. Ведь нуклоны бывают такие разные. Шесть цветов в нашем распоряжении. Да и уровней Физического Плана так много. Посудите сами, как много комбинаций можно составить в построении различных типов нуклонов. Качественно-количественный состав нуклонов мы именуем одним словом – **качество**. Вот и получается, что различия в качестве нуклонов, слагающих поверхность химических элементов, становятся причиной разницы в качестве самих химических элементов. А качество – это всегда Силовое Поле.

Каждый нуклон в составе химического элемента обладает своим собственным Силовым Полем. Иначе говоря, нуклоны характеризуются тем или иным цветом. Ведь цвет – это качество Силового Поля. Конечно, ни один нуклон не имеет в своем составе частицы только одного какого-либо цвета. Можно говорить лишь о преобладающем цвете. Другие цвета тоже могут присутствовать. Абсолютно четких градаций во всем, что касается конгломератов частиц, обнаружить в Природе невозможно. Чистые цвета могут представлять только истинно неделимые частицы.

Цвет нуклона - это его Поле Притяжения или Поле Отталкивания, и величина того или другого.

Но почему нам так важен цвет нуклонов именно поверхностных слоев химического элемента?

Да потому что именно поверхностные слои нуклонов прежде всего являются причиной, объясняющей возможность или невозможность образования или распада связей. Любая связь – это притяжение, а отсутствие – действие Сил Отталкивания. Поверхностные нуклоны участвуют в процессах перераспределения свободных фотонов, что также очень важно для протекания химических реакций. Свободные фотоны – это энергия. Когда один элемент забирает у другого (снимает с него) энергию, эта энергия, поступая в тело этого элемента, накапливаясь на его поверхности, становится причиной распада химических связей (если элемент до этого был в составе того или иного химического соединения). В свою очередь, тот элемент, с которого свободные фотоны были сняты, сам начинает стремиться образовать связь с каким-нибудь элементом, так как его поверхностные слои оказываются оголенными, из-за чего суммарное Поле Притяжения проявляется в большей мере.

И, конечно, элементы с разным цветом нуклонов поверхностных слоев обладают совершенно разными химическими свойствами – они по-разному взаимодействуют с остальными типами элементов. **За это отвечает номер группы периодической таблицы**. В дальнейшем мы укажем, какая группа, в какой цвет окрашена. Обратите внимание, цвет нуклона – это преобладающий цвет элементарных частиц в составе нуклона. Частиц какого цвета больше, таким и будет основной цвет нуклона. При этом, частицы одного цвета могут принадлежать к совершенно разным диапазонам. Да так оно, собственно, и есть. Среди гамма фотонов и ренгеновских, УФ и видимых, инфракрасных и радио есть фотоны одинакового цвета. Ведь каждый диапазон – это спектр.

Еще заметьте, цвет химических элементов – это не цвет их поверхностных нуклонов. Цвет химических элементов зависит от того, свободные фотоны какого цвета и диапазона накапливаются поверхностными нуклонами элемента.

Еще очень важна общая величина Поля Притяжения или Поля Отталкивания элемента, которая зависит от общего числа нуклонов в элементе. **На это указывает номер периода.**

Цветовая палитра поверхности уточняет общий рисунок Силового Поля элемента. Красные частицы – это всегда Поле Отталкивания. Желтые – слабое Поле Притяжения. Синие – сильное Поле Притяжения. Участки с Полем Притяжения усиливает общее Поле Притяжения элемента. А участки с Полем Отталкивания ослабляют общее притяжение элемента. Это довольно сложно описывать. Но вы в ходе медитаций должны постараться представить эту непростую картину. Получается, что внешние нуклоны определяют особенности Силового Поля, проявляющегося вовне. А это напрямую влияет на особенности химических свойств элементов. **Участки с Полями Притяжения отвечают за образование связей между химическими элементами, а также за накопление свободных фотонов.** Связи между элементами в химии носят название химических – а как же иначе, ведь их изучает ХИМИЯ (*у любой области науки свои названия для одного и того же – !*). Но на самом деле, это все те же, известные физикам, гравитационные связи. Области с Полями Отталкивания в составе элементов отвечают за отсутствие связей между элементами. Вспомните газы, например. Они вообще мало с чем связываются. Элементы газов летают свободные, друг с другом не связанные. А все благодаря зонам отталкивания в их составе. Вот она, великая Сила Отталкивания в действии. Мир, как видите, устроен гармонично – есть притяжение, и есть отталкивание.

А сейчас расскажем, из чего состоят тела химических элементов. И что такое «нуклоны».

Можно считать, что нуклон – протон, нейтрон и любая другая составная элементарная частица – это простейший вид конгломерата частиц. Точнее – почти простейший. Мельчайшая разновидность конгломерата – это объединение истинно неделимых частиц, принадлежащих к одному диапазону.

В соответствии с Законом Аналогии – «как внизу, так и наверху» - в любом нуклоне в миниатюре представлен весь Физический План. Там можно найти радио-фотоны, и инфракрасные, видимого диапазона, и ультрафиолетовые, рентгеновские и гамма. Любых цветов – имеются в виду 7 цветов, из которых 3 основных и 4 комплексных. Нуклоны первоначально оформились на ранних стадиях существования Вселенной, когда все частицы разом проявились в Пространстве, расположившись в виде концентрических сфер. В дальнейшем они устремились под влиянием Сил Притяжения к центру Вселенной и к частицам с наибольшими по величине Полями Притяжения (в составе отдельных диапазонов).

Как известно, любой План поделен на диапазоны. И Физический План - не исключение. Каждый диапазон – это спектр.

Гамма фотоны, рентгеновские, ультрафиолетовые, видимые, инфракрасные, радио – это как раз и есть истинно неделимые частицы Физического Плана. А шкала частот электромагнитных волн как раз и указывает нам первоначальный порядок расположения фотонов в составе данного Плана. Гамма фотоны - это самый нижний уровень. В гамма фотонах эфир исчезает с наибольшей скоростью. Затем идут рентгеновские. Потом ультрафиолетовые. Видимые. Инфракрасные. И, наконец, радио. В них скорость исчезновения эфира наименьшая по сравнению с другими диапазонами.

В каждом диапазоне, из фотонов разного цвета, сформировались мельчайшие конгломераты. Вот они то, как раз и выступают в роли **простейших конгломератов частиц** - самых маленьких нуклонов, из которых образуются нуклоны большего масштаба. А протоны, нейтроны – это как раз и есть нуклоны большего масштаба. Но не только они. Существует множество разновидностей других комплексных элементарных частиц. Из них и состоит тело химического элемента. Тело – это то, что в науке называют «ядро» - можно и так. «Летающие по орбитам электроны» - это свободные фотоны, накапливающиеся на поверхности нуклонов и в промежутках между ними.

Следует помнить о том, что качественно-количественный состав нуклонов может быть абсолютно любым. Возникали всевозможные комбинации частиц разных цветов и разных диапазонов. Однако несколько правил можно вывести путем простейшего рассуждения. В центре любого нуклона обязательно должны присутствовать частицы с Полями Притяжения (синие и желтые). Еще – самые тяжелые частицы (с наибольшими Полями Притяжения) всегда оказываются в центре нуклона.

Как вы видите, это весьма непростой предмет. В ходе попыток детально описать строение химического элемента сталкиваешься с огромным количеством одновременно действующих факторов. Огромное множество частиц самого разного качества. И как же они будут взаимодействовать друг с другом? Что мы получим в итоге? Единственно, что успокаивает – мы не творцы химических элементов. Они уже существуют, из них все построено. И как-то они построены, а значит, это вопрос времени и ума – узнать конкретные детали строения.

Следует добавить. В любом химическом элементе, так же, как и в недрах небесных тел, постоянно идет перемешивание вещества –

нагретое из центральной части устремляется на периферию, а остывшее с периферии устремляется назад, в центр.

АНАЛИЗ ПЕРИОДИЧЕСКОЙ СИСТЕМЫ Д. МЕНДЕЛЕЕВА – ЧАСТЬ 2 – ЦВЕТА ПОВЕРХНОСТНЫХ НУКЛОНОВ ДЛЯ ЭЛЕМЕНТОВ РАЗНЫХ ГРУПП

Наконец настало время поговорить о конкретном качестве каждой группы химических элементов – об их цвете. Точнее, о цвете поверхностных слоев нуклонов. Я шла к точному пониманию деталей этого вопроса несколько лет. Для этого нужно было очень точно все понять и проанализировать. И, конечно, провести бессчетное число медитативно-телепатических сеансов настройки на сознание Джуал Кхула, в ходе которых я мысленно вопрошала и также мысленно получала ответы. Медитация и визуализация – вот методы постижения процессов и явлений окружающего мира.

Цвет химических элементов - это чрезвычайно важный и интересный вопрос, настоящий «ключ к химии». Преобладающий цвет частиц в составе нуклонов дает нам информацию о качестве того или иного химического элемента.

В учебниках по химии утверждается, что химические свойства химических элементов определяются числом электронов на их внешних орбиталях.

Для нас это абсолютно ничего не объясняющее утверждение.

И мы его не принимаем. Точнее, принимаем с огромной натяжкой.

Мы не согласны с тем, что число электронов вокруг ядра может быть ничтожно мало – 1, 2, 3, 4, 5, 6 и т.д. Мы полагаем, электронов накапливается на поверхности элементов несчетное количество. Электроны – это свободные фотоны, частицы Физического Плана, испущенные тем или иным источником света. Главным образом – это Солнце.

Единичные электроны не «размазаны» по орбиталям – то ли волна, то ли частица. Это именно частицы – фотоны. И они не летают вокруг ядра, а покоятся на нуклонах ядра и в промежутках между ними. Единственно, что мы можем допустить – это фактор движения электронов-фотонов – они перетекают по поверхности, катаются там, погружаются и всплывают, падают и взлетают. Но это движение не происходит так, как летают планеты вокруг Солнца. Химический элемент – это мини-планета. И все частицы в составе этой «планеты» ведут себя подобно химическим элементам в составе настоящей планеты.

Именно преобладающий цвет частиц в составе химического элемента обуславливает его химические свойства. А точнее, преобладающий цвет частиц его поверхностных слоев. Именно в этом мы перекликаемся с официальной наукой – у них внешние электроны, у нас цвет внешних слоев. Цвет поверхностных нуклонов – т.е. Поля Притяжения или Поля Отталкивания, и какой величины – объясняет способность элемента образовывать связи с другими элементами – химическая связь в действительности гравитационная, а также способность забирать и отдавать свободные фотоны (т.е. электроны).

Также цвет поверхностных нуклонов объясняет то, свободные фотоны какого диапазона и цвета будут преимущественно накапливаться на элементе.

Вот здесь как раз стоит немного остановиться на очень важном моменте.

Цвет веществ – это не цвет поверхностных нуклонов.

Цвет химического элемента обусловлен преобладающим цветом и диапазоном свободных фотонов, которые накапливаются на его поверхности.

А цвет и диапазон накапливаемых фотонов в свою очередь зависят от двух факторов.

От цвета поверхностных нуклонов – т.е. Поле Притяжения или Поле Отталкивания и какой величины.

И от суммарной характеристики Силового Поля элемента – Поле Притяжения или Поле Отталкивания и какой величины.

Фотоны, лежащие на поверхности элемента, выбиваются падающими на них потоками света (летящими и падающими фотонами), и испускаются. Которых больше, таким и будет цвет элемента. Если на поверхности лежат фотоны не видимого диапазона, а, например, ИК или радио, то элемент будет бесцветным.

Однако вернемся к анализу периодической таблицы.

Совершенно неслучайно элементы объединяются в группы в соответствии со сходством их химических свойств. И нуклоны в каждой группе характеризуются определенным цветом. Это преобладающий цвет элементарных частиц в их составе.

Следует добавить, что цвет нуклонов, как в составе поверхностных слоев, так и на поверхности, примерно одинаков. Преобладание в нуклонах частиц того или иного цвета объясняется местом и условиями, в которых происходило формирование этих нуклонов. Частицы какого цвета господствовали, тот цвет и становится ведущим.

Давайте обратимся к каждой из 8 групп и проанализируем цвет нуклонов в элементах этих групп.

Заметьте, здесь отсутствует голубой, который не является самостоятельным цветом. Он – светлый оттенок синего.

В спектре 6 самостоятельных цветов – три основных и три дополнительных, комплексных. Основные – красный, желтый, синий.

Комплексные – оранжевый, зеленый и фиолетовый.

Напомним, что цвет частицы определяется скоростью творения в ней эфира (энергии, Духа, Света).

Собственно, любой диапазон частиц состоит всего из трех типов частиц – из синих, желтых и красных. Однако среди частиц любого из трех этих цветов есть частицы различной тяжести (мы не говорим – различной массы, поскольку среди них есть частицы, как с массой, так и с антимассой). Среди частиц любого из трех основных цветов есть тяжелые, средние и легкие. Можно сказать иначе – частицы с разной по величине Силой Притяжения. При этом сам чистый основной цвет представлен частицами средней тяжести, средней Силы Притяжения. Синий – средними синими. Желтый – желтыми средними. И красный тоже.

А вот тяжелые и легкие частицы как раз и участвуют в формировании трех комплексных цветов – фиолетового, зеленого и оранжевого. Синие тяжелые – фиолетовый. Синие легкие – зеленый. Желтые тяжелые – зеленый. Желтые легкие – оранжевый. Красные тяжелые – оранжевый. Красные легкие – фиолетовый, но соседнего диапазона, верхнего по отношению к данному.

Цвета с 1 группы по 8 следуют почти по порядку – так, как они располагаются в спектре. Мы использовали слово «почти». Что это значит?

В настоящий момент в таблице элементов Менделеева 8 групп. Вы скажете – их больше, чем 6 цветов. А мы ответим – число групп должно быть еще больше, чем сейчас. Те длинные вставочные группы металлов, которые вклиниваются в больших периодах, начиная с 3 группы, и которые именуются ***d*-элементами** и ***f*-элементами** следует поднять вверх и вставить между 1 и 2 группами, между щелочными и щелочноземельными металлами. ***d*-элементы**: с 21 номера по 30 (скандий – цинк), с 39 по 48 (иттрий – кадмий) и ***f*-элементы**: с 57 по 89 (лантан – ртуть) – эти химические элементы представляют собой переход от фиолетового к синему, и дальше к сине-зеленому. Эти переходные элементы следует поднять вверх, так, чтобы они начинались со 2 периода. Например, элементы вставочной подгруппы, начинающейся со скандия, оказались гораздо тяжелее лития, бериллия, бора, потому что их поверхностные нуклоны в качестве преобладающего имеют синий цвет. А синие фотоны самые тяжелые.

Находясь в составе поверхностных нуклонов, они увеличивают Поле Притяжения элемента.

Сколько следует ввести новых групп? Возможно, 5. В дальнейшем следует поговорить об этом. Положение всех металлов в периодической таблице следует заново пересмотреть – проанализировать их физические и химические свойства. При этом следует учитывать их плотность, способность реагировать с другими химическими элементами, радиус элементов, мягкость-твердость, хрупкость-прочность, температуру плавления. Все эти свойства, вместе взятые, помогут выяснить, в какой период, и в какую группу следует определить металл.

1 группа – щелочные металлы – фиолетовые.

Цвет поверхностных нуклонов – фиолетовый. В основном. Не все, но много.

Почему фиолетовый?

Фиолетовый складывается из синих частиц и красных. Причем красные принадлежат к диапазону ниже уровнем. А синие - самые тяжелые из того диапазона, о котором идет речь.

Синие поглощают эфир (энергию), красные испускают. Синие притягивают, красные отталкивают. Синие – самые тяжелые (всегда). Красные – самые легкие (даже, если принадлежат к соседнему диапазону).

Вот такое интересное сочетание. Союз Духа и Материи, синие – Материя, красные – Дух.

Именно из этого необычного синтеза проистекают те необычные химические свойства, что характерны для щелочных металлов.

Мягкость. Литий, например, можно резать стальным ножом. Объяснение этой мягкости кроется как раз в том, что фиолетовый цвет содержит частицы красного цвета. Они испускают энергию. А испускаемая энергия всегда способствует ослаблению и разрушению связей между химическими элементами. Энергия ослабляет связи между элементами в составе вещества металла. Поэтому щелочные металлы мягкие. Чем больше период, тем меньше мягкость, так как возрастает суммарное Поле Притяжения элементов.

Хорошо реагируют с неметаллами. С водой, например, порой со взрывом или просто с выделением большого количества энергии. Причина – все те же красные фотоны. Но не только они, синие тоже играют свою роль. Почему, например, воспламеняется калий в реакции с водой? Вода содержит кислород.

Кислород – это элемент желто-оранжевой гаммы (преобладает оранжевый) – речь идет об окраске поверхностных нуклонов. Кислород легко отдает накопленные им свободные фотоны – окисляет. Водород – самый легкий из металлов. Протий – это как раз элемент, относящийся к группе щелочных металлов. Он обладает способностью отнимать свободные фотоны. Хотя эта способность и не выражена в такой мере, как у более тяжелых металлов. Калий – это ярко выраженный представитель щелочных металлов. Синие частицы в составе его нуклонов отбирают у других элементов много энергии. Фотоны, попадая на нуклон, не находятся в покое. Они движутся по поверхности, происходит их постоянное перемещение. И когда они попадают на область нуклона, где располагаются красные частицы, эти свободные фотоны отталкиваются, т.е.

скорость их движения возрастает. В итоге, в веществе свободные фотоны движутся с большой скоростью. А у любых движущихся частиц из-за трансформации уровень энергии всегда выше, нежели у обычных, покоящихся. Так что происходит ослабление и разрушение химических связей.

Калий, попадая в воду, отбирает у кислорода фотоны. Эти фотоны разгоняются в веществе калия, вызывая его быстрый распад. Когда элементы кислорода теряют энергию, оказываются оголенными зоны, где до этого были свободные фотоны. В этих зонах величина Полей Притяжения больше. В итоге, кислород присоединяется к элементам калия, не теряя связи с водородом. Так возникает щелочь – гидроксид калия.

А воспламеняется калий в воде, потому что отбирает много энергии у кислорода (больше, чем натрий и литий, так как его суммарное Поле Притяжения больше. Эти фотоны (энергия) разгоняется красными частицами нуклонов. А так как энергии отнято много, то и эффект соответствующий - горение.

Новые группы, которые мы хотим добавить, переместив наверх d-элементы, это переход от фиолетового к синему, а затем к сине-зеленому.

Если металл мягкий – это говорит о фиолетовом цвете его поверхностных частиц. Красные фотоны способствуют ослаблению связей – это и есть причина мягкости.

Если металл твердый и прочный – это свидетельствует о синем цвете его поверхностных нуклонов.

Если металл непрочный и хрупкий – это говорит о том, что в составе его поверхностных слоев немало фотонов желтого цвета. В данном случае, речь идет о желтых фотонах в составе зеленого цвета.

Щелочноземельные металлы как раз не самые прочные из всех. Бериллий, например, очень непрочен. И магний тоже хрупок. Это как раз говорит о том, что их поверхностные нуклоны сине-зеленого цвета.

Металлы *d*- и *f*-элементы мы рекомендуем поднять и определить в самостоятельные группы.

Их поверхностные нуклоны синего цвета – этот цвет преобладает.

О чем это говорит? О прочности связей между элементами. Именно поэтому среди этих химических элементов самые твердые и прочные металлы. Например, вольфрам. Да и другие просто так ножом не порежешь, как щелочные, например.

Синие частицы обладают самыми большими Полями Притяжения.

Мягкие металлы среди *d*- и *f*-элементов – это переходные от фиолетового цвета к синему – т.е. в них, в составе поверхностных слоев немало красных, которые ослабляют связи.

2 группа – щелочноземельные – сине-зеленые.

В этой группе, в составе поверхностных нуклонов, уже не только синие частицы, но и желтые, хотя последних еще немного.

Желтые обладают небольшими Полями Притяжения, что ослабляет связи между элементами. Из-за этого щелочноземельные металлы недостаточно прочные. Причем, чем выше период, тем больше хрупкость.

3 группа – бор, алюминий, галлий и т.д. – зеленые.

В этой группе, в составе поверхностных слоев элементов, поровну желтых и синих частиц, которые в сумме составляют зеленый цвет.

Из-за желтых частиц, из-за их небольших по величине Полей Притяжения, а также из-за того, что синие в составе зеленого цвета – это самые легкие из синих частиц, у химических элементов этой группы наблюдается еще большее ослабление величины суммарных Полей Притяжения по сравнению с элементами предыдущей группы. Бор, к примеру, это вообще неметалл.

4 группа – группа углерода – зелено-желтые.

В этой группе, в составе нуклонов, еще меньше синих частиц. Преобладают желтые – непосредственно желтый цвет и желтые в составе зеленого. Из-за этого неметаллические свойства элементов данной группы еще больше возрастают, а металлические уменьшаются. Если сравнивать с соседней, 3 группой, неметаллов становится больше. В 3 группе это был только бор. А в 4 – углерод, кремний, германий. Причина – Поля Притяжения оказываются в целом меньше по величине.

5 группа – группа азота – желто-оранжевые.

Красные фотоны в составе оранжевого цвета являются основной причиной легкости элементов данной группы. Азот – при нормальных условиях, газ. Обратите внимание, именно начиная с этой группы, элементы 2 периода находятся в газообразном состоянии. И все благодаря красным фотонам. Испуская энергию, они уменьшают Поля Притяжения элементов. Их агрегатное состояние становится разреженнее. Сами элементы легче.

У азота много желтых фотонов. Это частицы со слабыми Полями Притяжения. Такие частицы не аккумулируют много свободных фотонов. А также желтые фотоны не позволяют устанавливать прочные связи между контактирующими элементами (в отличие от фотонов синего цвета).

Но элементы группы азота не столь сильные окислители в отличие от кислорода и фтора, например. Причина – недостаток красных фотонов. Когда красные частицы расположены вперемешку с частицами желтого цвета, они ослабляют Поля Притяжения этих желтых частиц. В результате чего, желтые легче отдают со своей поверхности накопленные свободные фотоны элементам с более выраженными металлическими свойствами, т.е. с большими Полями Притяжения. Этот процесс отдачи свободных фотонов – это и есть окисление. Способность к окислению именуется в химии **электроотрицательностью**.

6 группа – группа кислорода – оранжевые.

Элементы группы кислорода сильные окислители, потому что их поверхностные фотоны в сумме дают оранжевый цвет. Желтые плюс красные фотоны. Причина, по которой красные частицы, способствуют отдаче свободных фотонов их соседями, желтыми (или синими), была описаны выше, только что. Чем больше красных, тем легче делятся свободными фотонами желтые. Однако здесь тоже нужно не переборщить. Если желтых будет слишком мало, суммарное количество отданных ими фотонов будет недостаточно. Вот, например, у благородных газов очень много красных. А в итоге, они вообще не окислители, потому что нет или недостаточно фотонов, накапливающих фотоны. А красные, как известно, накапливать фотоны не могут, поскольку не имеют Поля Притяжения.

7 группа – группа фтора - оранжево-красные, тоже больше оранжевого.

У элементов группы фтора еще больше красных фотонов в составе поверхностных нуклонов. Именно поэтому галогены самые сильные окислители, превосходящие в этом отношении группу кислорода. Т.е. на шкале электроотрицательности они располагаются правее большинства элементов.

8 группа – группа инертных газов – красные.

Частицы красного цвета на всех Планах являются источниками эфира (энергии). Они не могут накапливать свободные фотоны. Они способствуют разреженному агрегатному состоянию вещества – чтобы связи между элементами не возникали или были слабыми. Мы это и видим на примере благородных газов – с другими элементами практически не реагируют. И все в газообразном состоянии.

Чем больше красных, тем легче делятся свободными фотонами желтые. Однако здесь тоже нужно не переборщить. Если желтых будет слишком мало, суммарное количество отданных ими фотонов будет недостаточно. Вот, например, у благородных газов очень много красных. А в итоге, они вообще не окислители, потому что нет или недостаточно фотонов, накапливающих фотоны. А красные, как известно, накапливать фотоны не могут, поскольку не имеют Поля Притяжения.

Помимо всего сказанного, следует вспомнить, что у каждого элемента есть **изотопы**. Это элементы с практически идентичными физико-химическими свойствами, однако, имеющие небольшую разницу в весе. Это и неудивительно, что они существуют. Было бы странно, если бы их не было. Изотопы можно рассматривать как переходы между периодами в пределах одной группы. Чуть увеличивается общее количество вещества, хотя цвет нуклонов остается неизменным – и вот перед нами уже слегка отличающийся химический элемент.

Здесь же следует добавить важный момент, касающийся и инертных газов, и элементов 1 периода.

Как известно, в настоящий момент в 1 периоде находятся всего 2 химических элемента – водород и гелий. Причем, ученые до сих пор не решили, в какую группу следует определить водород – в 1 или в 7.

На наш взгляд, всю эту ситуацию с 1 периодом следует изменить следующим образом.

Во-первых, мы считаем, что все инертные газы нужно сдвинуть на период вниз. Зачем? А затем, что во Вселенной должны существовать еще более легкие инертные газы, нежели гелий. По причине своей легкости, они слабо притягиваются небесными телами, и поэтому на Земле мы их точно не обнаружим. Да и на других небесных телах тоже вряд ли.

Мы убеждены, что водород – это самый легкий из известных металлов, и располагать его надо в 1 группе. На это указывают химические свойства водорода. Его значительная восстановительная способность, проявляемая им в химических реакциях по отношению ко многим элементам сильным окислителям, например, к галогенам, кислороду и другим. Водород – это газ–металл. Как известно, есть несколько изотопов водорода – протий (который мы обычно и именуем водородом), дейтерий и тритий. В этом ряду возрастает тяжесть водорода, его вес, проявляемая им Сила Притяжения. Тритий самый тяжелый, а протий – самый легкий. Вероятно, протий – это газ-щелочной металл. А дейтерий и тритий - это элементы, относящиеся к несуществующим ныне группам *d*-элементов, которые мы предлагаем ввести. Они потому тяжелее протия, почему и *d*-элементы тяжелее щелочных металлов (почему и оказались в нижних периодах). В отличие от протия цвет их нуклонов синий, а не фиолетовый.

Если бы гелий должен был находиться в 1 периоде, как и водород, тогда обязательно существовали бы химические элементы остальных групп между 1 и 8. Но они нам не известны. Следовательно, естественно предположить, что гелий - это элемент 8 группы 2 периода. И есть еще много химических элементов легче трех «изотопов» водорода. Должны существовать газы аналоги всех групп - 2, 3, 4, 5, 6, 7 и 8. Газы со свойствами щелочноземельных металлов, группы бора, углерода, азота, кислорода, галогенов и инертных газов. Конечно, их свойства будут слегка изменены из-за большой легкости этих элементов. Возможно, есть элемент еще больший окислитель, нежели фтор. И есть также мощный окислитель, подобный кислороду. Элементы остальных групп также будут во-многом походить на элементы их предшественников из 2 периода. ***Супер-бериллий, супер-бор, супер-углерод. Супер-азот, супер-кислород, супер-галоген и супер-***

инертный газ. Все супер-элементы будут газами.

Вот такое предсказание мы делаем и абсолютно уверены в своей правоте.

ПРИНЦИП ПОСТРОЕНИЯ ХИМИЧЕСКИХ ФОРМУЛ НЕ ТОЧЕН

Давайте обсудим очень щекотливый вопрос, касающийся принятого ныне в химии принципа построения химических формул. Можно считать, что большинство химических формул составлено не верно. Мы не оспариваем сам химический состав. Мы не возражаем против присутствия в веществах тех или иных типов химических элементов. Но нас не устраивают индексы, указывающие на число элементов в формуле. Точное количественное соотношение элементов в формулах совсем иное.

Во-первых, при построении химических формул и присвоении химическим элементам индексов отталкиваются от номера группы, в которой располагается данный элемент. А истинное число групп в периодической таблице вовсе не 8. Как минимум, 2-3 дополнительные группы составляют d- и f-элементы, которые следует располагать не в виде горизонтальных вставок, а вертикально.

Во-вторых, ученые не верно построили саму модель атома. Восемь электронов на внешнем уровне… Да и наличие самих этих уровней… Неверная концепция.

В-третьих, для ученых-химиков построение химических связей – это заполнение внешнего энерго-уровня до числа 8. Это число связано с общим числом групп в периодической системе.

Наука всегда смеялась над эзотерикой, и над нумерологией, в частности. Но сама стала ее жертвой, причем, в самой примитивной форме.

Вспомним, как сейчас строятся химические формулы, и как элементам в соединении присваиваются те или иные индексы, соответствующие числу атомов в соединении.

Индекс в химической формуле – это число, стоящее внизу справа, возле каждого химического элемента. Индексы указывают численное соотношение атомов в молекуле – так считается.

К слову сказать, мы не согласны даже с тем, что молекулы, как независимые структурные единицы вообще существуют.

Точнее, их не существует в том виде, в каком предписывает современная химия. Молекулы, несомненно, есть. Но это, скорее, «обрывки» основного вещества. Отделилась какая-то часть вещества от общей массы – вот вам и молекула.

На наш взгляд, в веществе все связано со всем, точнее, почти со всем.

Со школьной скамьи нам известно, что вода – это H_2O. Кислород, фор, водород, хлор – это O_2, F_2, H_2 и Cl_2. Углекислый газ – CO_2, серная кислота – H_2SO_4. Поваренная соль – $NaCl$, хлорная кислота – HCl, едкие щелочи – $NaOH$ и KOH.

Более одаренные ученики запоминают формулы и других щелочей, кислот, солей, оксидов и прочих соединений.

Вся эта информация вот уже много поколений прилежно всеми заучивается, и является, своего рода, святыней и общественным достоянием науки.

Но мы все же рискнем сказать вам, что эти формулы не совсем точно отражают истинное строение веществ. В целом, зачастую, они задают верное направление, но не более. А все потому, что вся эта схема построения формул основывается на неверном постулате о стремлении каждого химического элемента достроить свой внешний энергетический уровень до 8 электронов.

Попробуем уловить общую схему того, как в действительности построены вещества, которые нас окружают, и которые мы можем встретить на планете и в Космосе.

Во-первых, не существует молекул, как независимых скоплений атомов, не связанных химическими связями с другими атомами вещества.

Нет молекул воды, углекислого газа, щелочей, кислот, солей, оксидов и пр., и пр. в привычном смысле этого слова. Точнее, они есть, но их строение совсем иное, нежели это описано в учебниках по химии.

Молекула воды - это атом кислорода, окруженный атомами водорода.

Молекула углекислого газа - это атом углерода, окруженный атомами кислорода.

Молекула серной кислоты – это атом кислорода, окруженный атомами водорода и серы. Атомов водорода много, серы – немного.

Молекула соляной кислоты – это атом хлора, покрытый атомами водорода.

Молекула фосфорной кислоты – это атом кислорода, окруженный элементами водорода и фосфора. Водорода гораздо больше.

Молекула едкого натра – это атом кислорода, окруженный атомами водорода и натрия. Натрия немного.

Молекула едкого кали – это атом кислорода, окруженный элементами водорода и калия. Водорода больше.

И так далее. При построении соединений следует исходить из выраженности металлических и неметаллических свойств элементов. Чем полярнее качество элементов, тем больше вероятность вступления их в связь друг с другом. За исключением благородных газов (причины их нереакционноспособности мы объясняли неоднократно – преобладание в составе нуклонов частиц красного цвета). *Чем левее и ниже расположен один из реагирующих элементов в таблице, и правее и выше другой, тем больше вероятность вступления их в связь друг с другом.* Исходя из этого правила, мы и должны определять, какие элементы будут соединяться друг с другом в первую очередь, если элементов в соединении больше двух. Например, если в соединении три типа элементов – натрий, водород и кислород – очевидно, что натрий с водородом в первую очередь устремятся к кислороду, нежели друг к другу. Хотя между ними в дальнейшем также установится притяжение, но связь будет не такой прочной. А все потому, что водород и натрий принадлежат к одной группе, они оба металлы. Они лучше снимают с других свободные фотоны, нежели отдают их. А для образования прочной связи как раз и требуется, чтобы один элемент снимал фотоны с другого, оголяя его Поле Притяжения.

В веществе химические элементы просто соединяются друг с другом, в соответствии с принципом образования химических связей.

Химическая связь – это притяжение, гравитация.

Для возникновения прочной химической связи нужен металл и неметалл. Точнее, *у взаимодействующих элементов выраженность металлических и неметаллических свойств должна различаться.* Только в этом случае элемент-металл сможет снять с неметалла свободные фотоны, и оголить его, тем самым.

Свободные фотоны обладают Полями Отталкивания (в большем числе). После их снятия элемент неметалл легко притягивается к металлу. Так и возникает химическая связь. Без этой «процедуры» связь не образуется.

Так возникает ковалентная связь. Вообще, *можно считать, что все связи в веществах ковалентные.* Есть полярные, и есть неполярные. Существующие типы связей различаются степенью полярности. Т.е. соотношением металлических и неметаллических свойств у взаимодействующих элементов. Если различия велики – связь будет полярной, малы – неполярной. Крайняя степень выраженности неполярности связи – это когда взаимодействуют одинаковые химические элементы.

Один и тот же химический элемент может образовывать связи одновременно с множеством других элементов, а не только с тем их числом, которое, по представлениям химиков, соответствует его валентности.

К примеру, в веществе, состоящем из кислорода и водорода, которое мы именуем водой. С одним и тем же элементом кислорода могут одновременно связаться множество элементов водорода, а не только 2, как это принято считать. ***Молекула воды, как таковая, не существует!*** Есть вещество – вода – в котором элементы кислорода и водорода образуют множественные связи друг с другом. Каждый тип химического элемента одновременно вступает в химические связи с целым рядом химических элементов другого типа. А не только так, что одному кислороду полагается 2 водорода, как это предписывает теория валентных орбиталей.

Любой химический элемент – это сфера, шар. По законам геометрии сколько точек контакта может иметь шар с шарами такого же размера? Полагаем, 12. А если один тип шаров имеет больший радиус? Тогда у него точек контакта с шарами меньшего размера будет еще больше. Меньшие шары его просто окружат.

В веществе «вода» элементов водорода больше, чем элементов кислорода.

Размер химического элемента обусловлен, главным образом, общим числом элементарных частиц, входящих в его состав. Иначе говоря, общим числом нуклонов. Еще радиус зависит от процента частиц Ян. Чем их больше, тем разреженнее элемент и больше его радиус. Именно поэтому, кстати, к концу каждого периода радиус элементов возрастает.

Водород в 1 периоде, кислород – во 2-м. Значит, размер атомов кислорода больше. Причем, по двум указанным факторам.

Каждый элемент кислорода в составе воды окружен со всех сторон элементами воды. Можно сказать, они облепляют его поверхность.

Каждый элемент водорода тоже связан не с одним, а с несколькими элементами кислорода. Сколько их точно? Видимо, 6 – по числу координатных осей, умноженному на 2: 3х2=6.

Здесь все зависит от соотношения размеров у взаимодействующих элементов. Главное, чтобы элементам большего размера было, где поместиться вокруг элемента меньшего элемента, чтобы они не задевали друг друга.

Как вы видите, число точек контакта большего элемента с меньшим, более ограниченно, чем наоборот.

Водорода в составе воды больше, чем кислорода, именно по названным причинам. Водород может окружить кислород со всех сторон, а кислород окружить водород – нет. Но не только это обуславливает число химических связей в соединении.

Также важно изначальное соотношение реагирующих элементов. Если одного из элементов недостаточно в момент образования химического вещества, а другого в избытке, то и в соединении его будет меньше. К примеру, в пероксидах процент кислорода выше, чем в воде. Вероятно, это связано с соотношением кислорода и водорода, когда химическое соединение формировалось.

И еще есть третий фактор, влияющий на процентное соотношение элементов в соединении. Этот фактор – это качество элементов. Говоря языком науки – их масса (что не совсем точно). Чем больше масса (Поле Притяжения) элемента, тем больше он притягивает (снимает) свободные фотоны с поверхности реагирующих с ним элементов. И тем большее число элементов сможет он присоединить. Это согласуется с правилом валентности, существующим в химии. *Левее и ниже валентность элементов неметаллов возрастает. А правее и выше уменьшается. Все верно.* Чем ниже в таблице элементов, тем больше суммарное число частиц в составе элементов, тем больше их Поля Притяжения.

Чем левее, тем больше выражены металлические свойства – т.е. тем больше в составе нуклонов частиц синего цвета. И это также увеличивает Поле Притяжения элемента – его массу.

Если правее и выше – все наоборот. Общее число частиц в элементах уменьшается. Число синих частиц снижается, а красных растет. И масса элементов тоже уменьшается.

А теперь еще раз перечислим *факторы, влияющие на процентное соотношение элементов в соединении*:

1) Размер атомов;

2) Изначальное соотношение реагирующих элементов;

3) Масса (номер периода);

4) Преобладающий цвет частиц в нуклонах – т.е. выраженность металло-неметаллических свойств (номер группы).

Вот и выходит, что, несмотря на общую ошибочность концепции валентных орбиталей, в соответствии с которой химики сейчас записывают индексы в химических формулах веществ, вся эта система, в целом, работает. И достаточно успешно. *А все благодаря верно найденному выходу, определяющему номер валентности для элементов неметаллов: «Левее – ниже, правее – выше».*

Но, несмотря на это, общие принципы построения химических формул, в целом, не верны.

ЭЛЕКТРООТРИЦАТЕЛЬНОСТЬ, СТЕПЕНЬ ОКИСЛЕНИЯ, ОКИСЛЕНИЕ И ВОССТАНОВЛЕНИЕ

Давайте обсудим смысл крайне интересных понятий, существующих в химии, и как часто бывает в науке, достаточно запутанных, и используемых в перевернутом виде. Речь пойдет об «электроотрицательности», «степени окисления» и «окислительно-восстановительные реакции».

Что это означает – понятие используется в перевернутом виде?

Постараемся постепенно рассказать об этом.

Электроотрицательность демонстрирует нам окислительно-восстановительные свойства химического элемента. Т.е. его способность забирать или отдавать свободные фотоны. А также является ли данный элемент источником или поглотителем энергии (эфира). Ян или Инь.

Степень окисления - это понятие, аналогичное понятию «электроотрицательность». Оно тоже характеризует окислительно-восстановительные свойства элемента. Но между ними есть следующая разница.

Электроотрицательность дает характеристику отдельно взятому элементу. Самому по себе, вне нахождения его в составе какого-либо химического соединения. В то время как степень окисления характеризует его окислительно-восстановительные способности именно тогда, когда элемент входит в состав какой-либо молекулы.

Давайте немного поговорим о том, что такое способность окислять, и что такое способность восстанавливать.

Окисление – это процесс передачи другому элементу свободных фотонов (электронов). *Окисление – это вовсе не отнятие электронов, как это ныне считается в науке.* Когда элемент окисляет другой элемент, он действует подобно кислоте или кислороду (отсюда и название «окисление»). *Окислять – значит способствовать разрушению, распаду, горению элементов.* Способность окислять – это способность вызывать разрушение молекул передаваемой им энергией (свободными фотонами). Помните о том, что энергия всегда разрушает вещество.

Удивительно, как долго в науке существуют противоречия в логике, никем не замечаемые.

Вот, например: «Теперь мы знаем, что окислитель – вещество, которое приобретает электроны, а восстановитель – вещество, которое их отдает» (Энциклопедия юного химика, статья «Окислительно-восстановительные реакции)».

И тут же, двумя абзацами ниже: «Самый сильный окислитель – электрический ток (поток отрицательно заряженных электронов)» (там же).

Т.е. *в первой цитате говорится, что окислитель – это то, что принимает электроны, а во второй окислителем называют то, что отдает.*

И подобные ошибки заставляют учить в школах и институтах школьников и студентов.

Известно, что лучшие окислители – это неметаллы. Причем, чем меньше номер периода и больше номер группы, тем сильнее выражены свойства окислителя. Это и неудивительно. Мы разбирали причины этого в статье, посвященной анализу периодической системы, во второй части, где говорили о цвете нуклонов. От 1 группы к 8 цвет нуклонов в элементах постепенно меняется от фиолетового к красному (если учесть еще синий цвет d- и f-элементов). Сочетание желтых и красных частиц облегчает отдачу накапливаемых свободных фотонов. Желтые накапливают, но удерживают слабо. А красные способствуют отдаче. Отдавать фотоны – это и есть процесс окисления. Но когда одни красные, то нет частиц, способных накапливать фотоны. Именно поэтому элементы 8 группы, благородные газы, не окислители, в отличие от их соседей, галогенов.

Восстановление – это процесс, противоположный окислению. Ныне, в науке, считается, что когда химический элемент получает электроны, он восстанавливается. Такую точку зрения вполне можно понять (но не принять). При изучении строения химических элементов, было обнаружено, что они испускают электроны. Сделали вывод, что электроны входят в состав элементов. Значит, передача элементу электронов – это, своего рода, восстановление его утраченной структуры.

Однако на самом деле все не так.

Электроны – это свободные фотоны. Они – не нуклоны. Они не входят в состав тела элемента. Они притягиваются, поступая извне, и накапливаются на поверхности нуклонов и между ними. Но их накопление ведет вовсе не к восстановлению структуры элемента или молекулы. Напротив, эти фотоны испускаемым ими эфиром (энергией), ослабляют и разрушают связи между элементами. А это процесс окисления, но не восстановления.

Восстанавливать молекулу, в действительности, - забирать у нее энергию (в данном случае, свободные фотоны), а не сообщать. Отбирая фотоны, элемент-восстановитель уплотняет вещество – восстанавливает его.

Лучшие восстановители – металлы. Это свойство закономерно следует из их качественно-количественного состава – их Поля Притяжения наибольшие и на поверхности обязательно присутствует много или достаточно частиц синего цвета.

Можно даже вывести следующее определение металлов.

Металл – это химический элемент, в составе поверхностных слоев которого обязательно есть синие частицы.

А *неметалл* – это элемент, в составе поверхностных слоев которого нет или почти нет фотонов синего цвета, и обязательно есть красные.

Металлы своим сильным притяжением прекрасно отнимают электроны. И поэтому они восстановители.

Дадим определение понятий «электроотрицательность», «степень окисления», «окислительно-восстановительные реакции», которые можно встретить в учебниках по химии.

«**Степень окисления** – условный заряд атома в соединении, вычисленный исходя из предположения, что оно состоит только из ионов. При определении этого понятия условно полагают, что связующие (валентные) электроны переходят к более электроотрицательным атомам, а потому соединения состоят как бы из положительно и отрицательно заряженных ионов. Степень окисления может иметь нулевое, отрицательное и положительное значения, которые обычно ставятся над символом элемента сверху.

Нулевое значение степени окисления приписывается атомам элементов, находящихся в свободном состоянии…Отрицательное значение степени окисления имеют те атомы, в сторону которых смещается связующее электронное облако (электронная пара). У фтора во всех его соединениях она равна -1.

Положительную степень окисления имеют атомы, отдающие валентные электроны другим атомам. Например, у щелочных и щелочноземельных металлов она соответственно равна +1 и +2. В простых ионах она равна заряду иона. В большинстве соединений степень окисления атомов водорода равна +1, но в гидридах металлов (соединениях их с водородом) – NaH, CaH_2 и других - она равна –1. Для кислорода характерна степень окисления -2, но, к примеру, в соединении с фтором OF_2 она будет +2, а в перекисных соединениях (BaO_2 и др.) -1. …

Алгебраическая сумма степеней окисления атомов в соединении равна нулю, а в сложном ионе – заряду иона. …

Высшая степень окисления – это наибольшее положительное ее значение. Для большинства элементов она равна номеру группы в периодической системе и является важной количественной характеристикой элемента в его соединениях. Наименьшее значение степени окисления элемента, которое встречается в его соединениях, принято называть низшей степенью окисления; все остальные – промежуточными» (Энциклопедический словарь юного химика, статья «Степень окисления»).

Вот основные сведения, касающиеся данного понятия. Оно тесно связано с другим термином – «электроотрицательность».

«**Электроотрицательность** – это способность атома в молекуле притягивать к себе электроны, участвующие в образовании химической связи» (Энциклопедический словарь юного химика, статья «Электроотрицательность»).

«Окислительно-восстановительные реакции сопровождаются изменением степени окисления атомов, входящих в состав реагирующих веществ, в результате перемещения электронов от атома одного из реагентов (восстановителя) к атому другого. При окислительно-восстановительных реакциях одновременно происходят окисление (отдача электронов) и восстановление (присоединение электронов)» (Химический Энциклопедический Словарь под ред. И.Л. Кнунянц, статья «Окислительно-восстановительные реакции»).

На наш взгляд, в этих трех понятиях сокрыто немало ошибок.

Во-первых, мы считаем, что образование химической связи между двумя элементами – это вовсе не процесс обобществления их электронов. ***Химическая связь – это гравитационная связь.*** Электроны, якобы летающие вокруг ядра, это свободные фотоны, накапливающиеся на поверхности нуклонов в составе тела элемента и между ними. Для того, чтобы между двумя элементами возникла связь, их свободным фотонам нет нужды курсировать между элементами. Этого не происходит. В действительности, более тяжелый элемент снимает (притягивает) свободные фотоны с более легкого, и оставляет их у себя (точнее, на себе). А зона более легкого элемента, с которой были сняты эти фотоны, в той или иной мере оголяется. Из-за чего притяжение в этой зоне проявляется в большей мере. И более легкий элемент притягивается к более тяжелому. Так возникает химическая связь.

Во-вторых, современная химия видит способность элементов притягивать к себе электроны искаженно – перевернуто. Считается, что чем больше электроотрицательность элемента, тем в большей мере он способен притягивать к себе электроны. И фтор с кислородом якобы делают это лучше всего – притягивают к себе чужие электроны. А также другие элементы 6 и 7 групп.

На самом деле, данное мнение – это не более, чем заблуждение. Оно основано на ошибочном представлении, будто чем больше номер группы, тем тяжелее элементы. А также, тем больше положительный заряд ядра. Это ерунда. Ученые даже не удосуживаются до сих пор объяснить, что с их точки зрения представляет собой «заряд». Просто, как в нумерологии, пересчитали все элементы по порядку, и проставили в соответствии с номером величину заряда. Великолепный поход!

Это ясно и ребенку, что газ легче плотного металла. Как так получилось, что в химии считается, что газы лучше притягивают к себе электроны?

Плотные металлы, конечно, они, лучше притягивают электроны.

Ученые-химики, конечно, могут оставить в ходу понятие «электроотрицательность», раз уж оно столь употребительно. Однако им придется поменять его смысл на прямо противоположный.

Электроотрицательность – это способность химического элемента в молекуле притягивать к себе электроны. И, естественно, у металлов эта способность выражена лучше, чем у неметаллов.

Что же касается электрических полюсов в молекуле, то, действительно, ***отрицательный полюс*** – это элементы неметаллы, отдающие электроны, с меньшими Полями Притяжения. А *положительный* – это всегда элементы с более выраженными металлическими свойствами, с большими Полями Притяжения.

Улыбнемся вместе.

Электроотрицательность – это еще одна, очередная попытка описать качество химического элемента, наряду с уже существующими массой и зарядом. Как это часто бывает, ученые из другой области науки, в данном случае, химии, словно не доверяя своим коллегам физикам, а, скорее, просто потому, что любой человек, совершая открытия, идет своим собственным путем, а не просто исследуя опыт других.

Так вышло и в этот раз.

Масса и заряд никак не помогали химикам понять, что происходит в атомах при их взаимодействии друг с другом – и была введена электроотрицательность – способность элемента притягивать электроны, участвующие в образовании химической связи. Следует признать, что идея этого понятия заложена весьма верно. С той лишь поправкой, что она отражает реальность в перевернутом виде. Как мы уже говорили, лучше всего притягивают к себе электроны металлы, а не неметаллы – в силу особенностей цвета поверхностных нуклонов. Металлы – лучшие восстановители. Неметаллы – окислители. Металлы забирают, неметаллы отдают. Металлы – Инь, неметаллы – Ян.

Эзотерика приходит на помощь науке в вопросах постижения тайн Природы.

Что касается **степени окисления**, то это хорошая попытка понять, как происходит распределение свободных электронов в пределах химического соединения – молекулы.

Если химическое соединение однородно – т.е. оно простое, его структура состоит из элементов одного типа – тогда все верно, действительно степень окисления любого элемента в соединении равна нулю. Так как в данном соединении нет окислителей и нет восстановителей. И все элементы равны по качеству. Никто не отнимает электроны, никто не отдает. Будь это плотное вещество, или жидкость, или газ – неважно.

Степень окисления, так же, как электроотрицательность, демонстрирует качество химического элемента – только в рамках химического элемента. Степень окисления призвана сравнить качество химических элементов в соединении. На наш взгляд, идея хорошая, но ее осуществление не вполне удовлетворяет.

В основу данного понятия, так же, как и понятия «валентность» положена идея, согласно которой каждый элемент имеет некие энергетические уровни, по которым летают электроны (с чем мы не вполне согласны). Номер периода показывает общее число этих уровней, а номер А группы число электронов на внешнем энергетическом уровне. И каждый элемент якобы стремится достроить свой внешний уровень, почему и вступает в химические связи с другими элементами. Именно поэтому степень окисления, как и валентность обычно соответствует номеру группы в периодической системе. Это высшая. Она якобы показывает, сколько электронов имеется на внешнем уровне у элемента, которыми он может поделиться с другими. А низшая степень окисления – это число 8 (общее число групп) минус номер группы. Она показывает, сколько электронов элементу не хватает до завершения внешнего уровня, и сколько он, якобы, намеревается позаимствовать у других.

Мы категорически против всей теории и концепции строения химических элементов и связей между ними. Ну, хотя бы потому, что число групп, по нашим представлениям, должно быть больше 8. А значит, вся данная система рушится. Да и не только это. Вообще, пересчитывать число электронов в атомах «по пальцам» - это как-то не серьезно.

В соответствии с нынешней концепцией получается, что самым сильным окислителям присвоены самые маленькие условные заряды – фтор имеет во всех соединениях заряд -1, кислород почти везде -2. А у очень активных металлов – щелочных и щелочноземельных – эти заряды соответственно, +1 и +2. Ведь это совершенно не логично. Хотя, повторим, мы очень хорошо понимаем общую схему, в соответствии с которой это было сделано – все ради 8 групп в таблице и 8 электронов на внешнем энергетическом уровне.

Уж, как минимум, величина этих зарядов у галогенов и кислорода должна была быть наибольшей со знаком минус. А у щелочных и щелочноземельных металлов тоже большой, только со знаком плюс.

В любом химическом соединении есть элементы, отдающие электроны – окислители, неметаллы, отрицательный заряд, и элементы, отнимающие электроны – восстановители, металлы, положительный заряд. Именно таким путем сравнить элементы, соотнести их друг с другом и пытаются, определяя их степень окисления.

Однако выяснять таким способом степень окисления, на наш взгляд, не совсем точно отражает реальность. Правильнее было бы сравнивать электроотрицательность элементов в молекуле. Ведь электроотрицательность – это почти то же, что и степень окисления (характеризует качество, только отдельно взятого элемента).

Можно взять шкалу электроотрицательности и проставить ее величины в формуле для каждого элемента. И тогда сразу будет видно, какие элементы отдают электроны, а какие забирают. Тот элемент, чья электроотрицательность в соединении наибольшая – отрицательный полюс, отдает электроны. А тот, чья электроотрицательность наименьшая – положительный полюс, забирает электроны.

Если элементов, допустим, 3 или 4 в молекуле, ничего не меняется. Все также ставим величины электроотрицательности и сравниваем.

Хотя при этом следует не забыть нарисовать модель строения молекулы. Ведь в любом соединении, если оно не простое, т.е. не состоит из одного типа элементов, связаны друг с другом, в первую очередь, металлы и неметаллы. Металлы отбирают электроны у неметаллов, и связываются с ними. И у одного элемента неметалла одновременно могут отбирать электроны 2 или большее число элементов с более выраженными металлическими свойствами. Так возникает сложная, комплексная молекула. Но это не означает, что в такой молекуле элементы-металлы вступят в прочную связь и друг с другом. Возможно, они будут располагаться на противоположных сторонах друг от друга. Если же рядом – они будут притягиваться. Но прочную связь образуют только в том случае, если один элемент более металличен, чем другой. Обязательно нужно, чтобы один элемент отбирал электроны – снимал. Иначе не произойдет оголения элемента – освобождения от свободных фотонов на поверхности. Поле Притяжения не проявится вполне, и прочной связи не будет. Это сложная тема – образование химических связей, и мы не будем подробно рассказывать об этом в этой статье.

Полагаем, мы достаточно подробно осветили тему, посвященную разбору понятий «электроотрицательность», «степень окисления», «окисление» и «восстановление», и предоставили вашему вниманию немало любопытной информации.

e-mail: danina.t@yandex.ru

Все электронные книги из серии «Эзотерическое Естествознание» представлены на вебсайте Amazon:

https://authorcentral.amazon.com/gp/books?ie=UTF8&pn=irid58388648

Книга 1 – **«Основные оккультные законы и понятия»** - http://www.amazon.com/dp/B00I1MFZV8 (бумажная - https://www.createspace.com/4870481);

Книга 2 – **«Эфирная механика»** - http://www.amazon.com/dp/B00I214ATQ (бумажная - https://www.createspace.com/4862477);

Книга 3 – **«Астрономия и космология»** - http://www.amazon.com/dp/B00I21HFU2 (бумажная - https://www.createspace.com/4842056);

Книга 4 – **«Механика тел»** - http://www.amazon.com/dp/B00I21HEO4

(бумажная - https://www.createspace.com/4852989);

Книга 5 – **«Биология»** - http://www.amazon.com/dp/B00I21NBGY (бумажная - https://www.createspace.com/4842113);

Книга 6 – **«Новая Эзотерическая Астрология, 1»** - http://www.amazon.com/dp/B00I21NDV (бумажная - https://www.createspace.com/4847635);

Книга 7 – **«Оптика и теория цвета»** - http://www.amazon.com/dp/B00I21NDV2 (https://www.createspace.com/4842120);

Книга 8 – **«Химия»** - http://www.amazon.com/dp/B00I21NCW2 (бумажная - https://www.createspace.com/4842124);

Книга 9 – **«Термодинамика»** - http://www.amazon.com/dp/B00J13QH9K (бумажная - https://www.createspace.com/4860779).

Еще книга моего дедушки – **«Воспоминания русского фельдшера о финской войне»** - http://www.amazon.com/dp/B00I21QZ3K (https://www.createspace.com/4864394).

Книга **«Домой, на Небо!»** (фантастика, мистика) - http://www.litres.ru/tatyana-danina/domoy-na-nebo/ (бумажная - https://www.createspace.com/4880191).

Те же книги на английском:

The books of the series "The Teaching of Djwhal Khul – Esoteric Natural Science" - **"The main occult laws and concepts"** - http://www.amazon.com/Main-Occult-Laws-Concepts-ebook/dp/B00GUJJR72 (paperback - http://www.amazon.com/dp/B00IZGDHHY)

"Ethereal mechanics" - http://www.amazon.com/The-Doctrine-Djwhal-Khul-mechanics-ebook/dp/B00I8KSY8Y (paperback - https://www.createspace.com/4836813)

"New Esoteric Astrology, 1" - http://www.amazon.com/dp/B00JF6RMCY

(paperback - https://www.createspace.com/4827294)

"**Thermodynamics**" - http://www.amazon.com/dp/B00KGHK8EU (paperback - https://www.createspace.com/4838412)

"**Astronomy and cosmology**" – http://www.amazon.com/dp/B00MJ5YKBE (paperback - https://www.createspace.com/4943679).

The book of my grandpa – "**The memories of the russian military paramedic Michael Novikov of the Finnish war**" http://www.amazon.com/dp/B00JYDITQ6

www.ingramcontent.com/pod-product-compliance
Lightning Source LLC
Chambersburg PA
CBHW071353170526
45165CB00001B/29